LOTTE INGRISCH/HELMUT RAUCH

Die Quantengöttin

LOTTE INGRISCH/HELMUT RAUCH

Die Quantengöttin

Wellen und Teilchen – Ein Geheimnis

Seifert Verlag

Umwelthinweis:
Dieses Buch und der Schutzumschlag wurden auf chlorfrei gebleichtem Papier gedruckt. Die Einschrumpffolie – zum Schutz vor Verschmutzung – ist aus umweltverträglichem und recyclingfähigem PE-Material.

Gedruckt mit Unterstützung von Niederösterreich Kultur

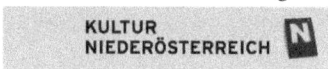

1. Auflage
Copyright © 2020 by Seifert Verlag GmbH, Wien

Umschlaggestaltung: Markus Haralter, Union Wagner, Wien

Verlagslogo: © Padhi Frieberger
Druck und Bindung: CPI books GmbH, Leck
ISBN: 978-3-904123-02-0

Inhalt

Du bist eine Antenne!	16
Hat Newton den Mythos umgebracht?	17
Das Entsetzen	20
Glaubt Erwin Schrödinger an Geister?	24
Wer bin ich?	26
Das Geheimnis der Quantenwelt	27
Der Prophet	29
Der Quantengott	31
Die Quantengöttin	32
Ich möchte eine Geschichte erzählen	33
Rechner und Sänger	34
Religionskriege	38
Es gibt kein Ich, keine Zeit, keinen Tod	40
Der Verfall	43
Ein Recht auf das Leben. Ein Recht auf den Tod	45
Ratschläge einer Raupe	48
Wo herrscht der Quantengott?	53
Ein Intermezzo mit William Blake	59
Was ist Religion?	60
Die zweite Geschichte und ihre Zeugin	62
Ein Wolf stirbt	63
Fabelwesen	66
Der Physiker im Wunderland	69
Sylvie und Bruno	71
Die Entrückung	73
Die Welt vibriert	75
Homöopathie	77
Ein Spektrum von Realitäten	78

Der fremde Gott 79
Die Doppelnatur 80
Little People 81
Alte Zaubersprüche, neue Formeln 84
Verzauberung und Erlösung 85
Die Verwandlung der Elben durch die Aufklärung 86
Energie 87
Zurück vor den Urknall! 88
Pythagoras 89
Himmel und Hölle 91
Die Seele 92
Geist und Materie 93
Frequenzen 95
Wie viele Welten gibt es? 97
Das Jenseits 99
Leben und Liebe 101
Drei Briefe 102
Die zweite Zeugin 107
Ein Plural von Biografien 113
Was ist information? 115
Ein Toter geht zum Friseur 116
Haben wir mehr als einen Körper? 118
Das ungehorsame Gehirn 120
Träumen Quanten? 121
Die Welt schwingt 122
Wer werde ich in wenigen Minuten sein? 124
Wolf und Eule 125
Mein fünftes Evangelium 126
SOS an die Wissenschaft 127
Gestatten, ich bin ein Riesenteilchen, 128
Eine Antwort mit Folgen 131

Wie schaut ein Quant aus?   133
Der doppelte Pietschmann   134
Erklärt das ein unerklärliches Phänomen?   135
Die Quantenreligion   141

Was wissen wir über die Entstehung des Universums (Urknall usw.), was ist gesichertes Wissen und was Vermutung? – Wieso gibt es die Natur gerade so, wie wir sie erkennen oder zu erkennen glauben? Wieso haben die Naturkonstanten gerade die Werte, die wir beobachten? Was wäre, wenn diese anders wären? Wie entsteht unsere Welt aus der dahinterliegenden Quantenstruktur? –

Was ist existent und können wir nicht oder nur sehr schlecht messen (Neutrinos, dunkle Masse, dunkle Energie usw.)?

Ist ein Ende abzusehen?

Helmut Rauch (22.1.1939–2.9.2019)

Asche und Licht

Götter und Göttinnen wachsen aus uns wie Bäume aus der Erde. Auch Engel, Dämonen, Geister und Elben. Es gibt vielerlei Erden. Fruchtbare, Wüsten, Moore. Und in allen gedeihen andere Früchte.

Woraus wachsen wir? Wir wissen es nicht. Und weil wir es nicht wissen, unterscheiden wir gehorsam zwischen Richtig und Falsch.

Gibt es falsche Bäume? Falsche Götter? Gibt es Engel, Dämonen, Geister und Elben? Gibt es alles und nichts?

Das vermute ich. Und weil das Zentrum jedes Mythos, jeder Religion der Tod ist, soll er auch das Zentrum dieses Buches sein. Nicht der Tod als Gegensatz des Lebens, sondern als seine ständige Verwandlung.

Wir sind, sagt die Religion der Physik, Quanten. Teilchen und Welle. Materie und, wie man es seit Jahrtausenden nennt, Seele. Aber beide sind, so viel wir auch forschen, Geheimnisse geblieben.

In dieser Welt fressen wir, um zu leben, uns gegenseitig auf. Tiere, Pflanzen, Menschen. Auch Sterne. Und Teilchen. Kannibalismus scheint unsere Natur zu sein, auch wenn wir sie kaum mehr wahrnehmen.

Fressen die Götter einander ebenfalls auf? Ja, das tun sie. Und wir Menschen helfen ihnen gründlich dabei. Mit Glauben und Gewalt.

Nach unserer Vorstellung hat Jahwe die Welt erschaffen, eine der grausamsten Gestalten, die aus uns wuchsen.

Aber wurde sie überhaupt erschaffen? Oder erschuf sie sich

selbst? Wir sind Sternenstaub. Kinder der Sterne, und Gaswolken sind unsere Ahnen. Wir sind kosmische Prozesse, ineinander verflochten wie himmlisches Haar. Und ineinander verflochten ist alles. Menschen und Milchstraßen, Schwarze Löcher und Weiße Riesen, Vergangenheit, Zukunft, Leben und Tod: das Gewebe der Welt. Ein Gewebe aus Erscheinungen, die sich fortwährend ineinander verwandeln, schrecklich und wunderbar.

Ob Leben der einzige Zustand der Existenz ist? Wir könnten uns auch fortpflanzen wie das Licht und Liebe nicht als Trieb, sondern als geistigen Zustand erfahren. Was die Physik Frequenzen nennt, schließt vielleicht verschiedene Grade der Wahrnehmung ein, in denen Schamanen und Magier vergangener Kulturen andere Wirklichkeiten erfahren wurden.

»Es gibt«, sagt Sir Karl Popper, »keine Theorie über die Wirklichkeit, die absolut und jederzeit gültig wäre.« Und da kann man ihm kaum widersprechen. Denn sie verändert sich mit dem Raum und der Zeit, in der sie erscheint, und wir nehmen sie unterschiedlich wahr. »Wie wirklich«, fragt Paul Watzlawik, »ist die Wirklichkeit?«

Wahrscheinlich ist sie die Übersetzung eines uns unbegreiflichen Seins in so viele Sprachen oder auch Dialekte, als es Individuen gibt. Wobei die Sprachen, wie die Individuen, einander ähnlich sein können oder auch nicht. Es gibt also keine verbindliche Wirklichkeit, obwohl sie uns alle verbindet. Und manchmal auch trennt.

Ist Wirklichkeit weniger wirklich, wenn sie in uns – statt außerhalb von uns – erscheint? Die Grenze zwischen Innen und Außen wurde noch von jeder Kultur anders gezogen, und von manchen überhaupt nicht. Sie ist willkürlich oder unwillkürlich, je nachdem, wie man eine Kultur definiert.

Ob wir der Erde nicht ähnlicher sind, als wir glauben? Geformt nach ihrem Bild. Ihr Kern ist aus Nickel und Eisen, mit einem Feuermantel darüber. Und über dem Feuer Wasser, Erde und Luft. Der Mensch ist, sagen wir, irdisch. Sollten wir nicht auch unsere feurigen, flüssigen und luftigen Zustände haben? Vielleicht sind wir, wenn wir träumen, in unserem flüssigen Zustand. Wir fließen, wie auch die Träume es tun, und verwandeln uns in jede Gestalt. Sind Träume wirklich? Ebenso gut könnten wir fragen, ob Wasser wirklich ist. Nur gelten dort andere Gesetze als auf der Erde, und wieder andere gelten im Feuer oder der Luft. Feuer ist der Tod. Feuer ist die Auferstehung. Feuer verwandelt uns in Asche und Licht.

Den Text von Lotte Ingrisch mit Faszination lesend, verbleibt mir als Naturwissenschaftler nur zu versuchen, einige Aspekte aus dieser Gedankenwelt einzubringen. Dabei geht es um genauere Begriffsbestimmungen und um die Wiederholbarkeit von Ereignissen, also um die Verifikation von gemachten Aussagen. Wir können nur Aussagen tätigen, sofern wir für die Objekte der Aussagen geeignete Antennen haben, um zumindest Teilaspekte in unser Bewusstsein aufnehmen zu können. Als derartige Antennen können unsere Augen, Ohren, Geruchs- oder Tastsinne gelten, aber auch alle von Menschen geschaffenen Antennen, seien es Radio- oder Fernsehantennen, Teleskope oder Mikroskope zur Erforschung der Makro- oder Mikrowelt, oder aber die riesigen Teilchendetektoren beim CERN. Wir erkennen daher nur diese Teile der uns umgebenden Natur, für die wir Antennen verfügbar haben, wobei wir im Bereich der Naturwissenschaft zusätzlich die

Einschränkungen machen, dass die jeweiligen Antennen für alle Menschen eine vergleichbar gleiche Information liefern.

Für viele von Lotte Ingrisch angeführte Phänomene haben wir zumindest bisher keine den naturwissenschaftlichen Kriterien adäquate Antennen, was aber nicht bedeuten soll, dass es diese Phänomene nicht gibt und diese nicht von Person zu Person verschieden wahrgenommen werden. Sehen wir uns in diesem Zusammenhang das Phänomen Traum an. Auch diesem ist Realität zuzuordnen, zumal im Bewusstsein verschiedene Vorgänge aktiviert werden, die es gestatten, den Traum zu erleben und diesen zumindest teilweise abzuspeichern, und so gibt es zahlreiche Phänomene, die Personen individuell wahrnehmen, die aber nicht den Kriterien der Wiederholbarkeit entsprechen.

Wir können daher als Conclusio festhalten, dass wir nur einen sehr beschränkten Zugang zu den wahren Vorgängen der Natur haben, sei es wegen der fehlenden, der zu geringen Empfindlichkeit der uns zur Verfügung stehenden Antennen. Während im naturwissenschaftlichen Bereich die Antennen Messresultate liefern, die alphanumerisch oder grafisch dargestellt werden können, gibt es im Bereich vieler mentaler Wahrnehmungen diese Möglichkeit nicht. Selbst bei verbalen Beschreibungen bleibt die Bedeutung der verschiedenen Worte und deren Zusammenhänge der individuellen Interpretation der Individuen vorbehalten. Noch viel stärker ist diese an das Individuum gekoppelte Wahrnehmung bei Phänomenen wie Trauer, Freude, Gefühl, Liebe usw. Gemeinsam haben jedoch heuristische und naturwissenschaftliche Beobachtungen, dass sie nie vollständig sein können und Platz für neue Erkenntnisse lassen. Wie tief neue Erkenntnisse in das Meer des Unbekannten vordringen, hängt von der Qualität der Antennen ab; sie werden jedoch nur einen winzigen Teil des Unbekannten aufklären können. Das Individuum, das heißt der Beobachter, spielt dabei eine essentielle Rolle, wodurch sich ein direkter Zusammenhang mit der Quantenphysik ergibt.

DU BIST EINE ANTENNE!

Mein Leben lang hat mir das eine innere Stimme gesagt. »Empfange und sende! Das ist deine Aufgabe. Sonst nichts.« Zwei Antennen haben einander gefunden. Helmut Rauch revolutionierte die Quantenphysik und zeigte, dass Neutronen wie Licht reagieren. Lotte Ingrisch versucht, unser Weltbild zu revolutionieren – nicht nur Neutronen, auch Tote reagieren wie Licht. Rauch auf der Physikertagung:

> Neutronen scheinen über die physikalische Information anderer Neutronen informiert zu sein, unabhängig, wie weit sie voneinander entfernt sind.

Masseteilchen oder Menschen, gelten die gleichen Gesetze? Wie Neutronen können auch wir unabhängig von der Entfernung biologische und psychische Situationen anderer Personen erkennen.

> Quantenmechanische Unschärferelationen sind keinerlei dimensionsabhängigen Beschränkungen unterworfen. ... Sämtliche Ergebnisse zeigen, wie Quanteneffekte den Makrokosmos ebenso beeinflussen wie den Mikrokosmos.

Eine uralte Weisheit: Wie oben, so unten!

Hat Newton den Mythos umgebracht?

Diese Frage stellte der amerikanische Fernsehjournalist Bill Moyers meinem Lieblingsmythologen Joseph Campbell. »Oh«, antwortete dieser, und vielleicht lächelte er dabei: »Ich denke, der Mythos kommt wieder.«

War er nicht die ganze Zeit da? Nur traten die Götter und Göttinnen bei Newton als Gesetze auf, und Schluss war mit der schönen Allotria. Als dann Relativitätstheorie und Quantenphysik in die wissenschaftliche Arena einzogen, mussten sie nicht mehr eisern sein und offenbarten neuerlich ihre mutwillige, laszive Natur. Auch die Erde spielte nicht länger Maschine und feierte ihr Comeback als Göttin Gaia, die wir leider sehr ungöttlich behandeln.

Meine »Physik des Jenseits« erschien 2004 und trägt den Untertitel »Einsteins Märchen, Quantenmythen und exakte Geisterwissenschaft«. Ich war damals – und bis zu seinem Tod – mit unserem größten Mathematiker, Edmund Hlawka, befreundet, sogar ein Planet ist nach ihm benannt. »Ist aber nur ein ganz kleiner Planet«, sagte der bescheidene Wissenschaftler.

Ich zitiere ein Gespräch, das wir in jener Zeit führten:

Lotte: Du, Edmund …
Hlawka: Ja?
Lotte: In dem Buch, das ich grad schreib …
Hlawka: Du schreibst schon wieder ein Buch?
Lotte: Noja.

Hlawka: Ich hab mir dein letztes gekauft.

Lotrte: Was, ich hab es dir nicht geschenkt?

Hlawka: Hast du nicht. Und lauter Felder kommen drin vor. Kein Mensch weiß, was ein Feld ist.

Lotte: Was Frequenz ist, weiß auch niemand.

Hlawka: Die Anzahl der Bewegungen.

Lotte: Was soll sich schon bewegen, wenn es in Wirklichkeit gar nichts gibt?

Hlawka: Ja, ein Teilchen hat noch niemand gesehen.

Lotte: Aber Gespenster? Tausende haben Gespenster gesehen. Zu allen Zeiten. Ich auch.

Hlawka: Du mit deinen Gespenstern.

Lotte: Im neuen Buch erkläre ich alle Physiker zu Mythologen.

Hlawka: Die werden sich freuen. In der Luft zerreißen werden sie dich. (Taten sie auch, besonders ein gewisser Aichelburg.)

Lotte: Warum sollten sie? Ich liebe sie doch. Die Physik und die Mythologie, das ist dasselbe.

Hlawka: Ist es nicht. Die Physiker halten sich für exakt.

Lotte: Exakt ist überhaupt nichts. Oder war Newton exakt?

Hlawka: Du meinst, wegen Einstein und der Quantenphysik? Aber du musst unterscheiden zwischen Atomen und Eddingtons zweitem Tisch.

Lotte: Jö, Eddington! Den liebe ich besonders. Ein Mystiker der Physik. Er glaubt auch nicht, dass die Welt wirklich ist.

Hlawka: Das Wesen der Wirklichkeit ist geistig, sagt er. Das ist nicht dasselbe.

Lotte: Vielleicht nicht ganz. Aber der Mathematiker begreift die Welt nicht besser als der Dichter, er versteht sich nur besser aufs Rechnen. Sagt er auch. Ach so, entschuldige. Was ist mit dem Tisch?

Hlawka: Es gibt den Tisch, an dem du sitzt. Und dann gibt es den Tisch, der hauptsächlich aus Leere besteht, in der wie ein Fliegenschwarm elektrische Ladungen herumschwirren.

Lotte: Jetzt hab ich dich gar nicht gefragt, wie es dir geht?

Hlawka: Wie soll es mir schon gehen? Ich bin siebenundachtzig.

Lotte: Bist du nicht, warum machst du dich immer älter? Außerdem ist Sterben schön. Wenn du die kritische Schwarzschildfläche durchquerst, was ist die überhaupt?

Hlawka: Die Wand des Schwarzen Lochs. Seine Haut.

Lotte: Wenn du da durchgehst, erblickst du die Unendlichkeit.

Hlawka: Ich erblicke gar nichts, weil das Schwarze Loch mich in Stücke zerreißt. Wo ich eh so wehleidig bin. (Seufzt)

Das Entsetzen

»Wenn man nicht zunächst über die Quantentheorie entsetzt ist, kann man sie unmöglich verstanden haben.« (Niels Bohr)

Ich war glücklich. Elektronen können verschwinden und anderswo wieder auftauchen? Sie können sogar an vielen Orten gleichzeitig sein? Dann gibt es auch Feen, Riesen, Zwerge, und die Welt ist endlich wieder verzaubert. Was ihr natürlicher Zustand ist, den ihr der gesunde Menschenverstand, selbst eine Krankheit, tückisch ausgetrieben hat. Sie sehen einen Engel? Na und, das ist völlig normal. Abnormal ist, dass Sie keinen sehen. Und wenn jemand behauptet, es gibt keine Engel oder Gespenster, dann behaupte ich: Es gibt überhaupt nichts!

Nur den leeren Raum, und in diesem leeren Raum oszillierende Felder. Sogar die bleiben nicht, wo sie sind, sondern breiten sich immer weiter ins Nirgendwo aus. Und wir, der stolze homo sapiens, wer oder was sind wir? Eigentlich nichts. Und dieses Nichts schwingt. Wer wundert sich da noch über Feen?

Es ist einfach so, dass wir uns Bilder vom Nichts machen. Die schwingenden Felder übersetzen sich gegenseitig in Träume, die sie Wahrnehmung nennen. Je feiner und anmutiger wir schwingen, desto anmutiger und feiner werden unsere Wahrnehmungen sein. Es ist also ein Zeichen von Plumpheit und geradezu eine Schande, keine Nixen zu sehen.

Mit Schuppen und Fischschwanz? Natürlich schauen sie in der Wirklichkeit, die es nicht gibt, kaum so wie im Märchenbuch aus. Obwohl, warum nicht? Übersetzen ist, wie wir schon wissen, eine Frage des Vokabulars. Je reicher das Vokabular, umso bunter die Übersetzung. Es liegt nur an uns, die kleinen und großen pulsierenden Energiefelder entweder überhaupt nicht – oder als geflügelte Mädchen, singende Raben oder Meerjungfrauen zu bemerken.

Da wir keinen absoluten Maßstab haben, um Feen, Automobile oder uns selbst an ihm zu messen, stimmt ohnedies alles und nichts. Das mag irritierend sein, beschert uns aber eine unerschöpfliche Fülle von Möglichkeiten. Den Realisten unterscheidet vom Fantasten nur, dass er sich auf wenige von diesen Möglichkeiten beschränkt. Halten Sie alles für möglich, und Ihrer Wirklichkeit sind keine Grenzen gesetzt!

Das Programm der Aufklärung war, wie der Soziologe Max Weber schreibt, die Entzauberung der Welt. Der Geist entwich. Und kehrte zur allgemeinen Verblüffung in der Quantenphysik zurück!

Ich spreche der Aufklärung nicht ihre sozialen Verdienste ab. Aber sie hinterließ eine Wüste. Die Nachfahren der hermetischen Philosophie verstummten.

Das materialistische Zeitalter geht zu Ende. Aber noch immer gibt es altmodische Materialisten, beherrscht von der Angst. Angst ist immer die Angst vor Veränderung. Angst übt eine unerbittliche Zensur aus, ob es sich nun um biologische Selbstzensur des Körpers handelt, die alles Fremde abstößt, oder um die Selbstzensur der Psyche, einer Ideologie, eines Programms. Angst garantiert unsere Identität. Treten wir in die Anderswelt ein, werden wir selbst zu anderen.

Die Quantenwelt ist die Anderswelt! Aus dem Entsetzen steigen Jubel und Freiheit.

»Religion«, sagt Richard Feynman, »ist eine Kultur des Glaubens.« Was glaubt die Quantenreligion?

Das gesamte Universum als ein absolutes Nichts zu betrachten, bringt uns nicht viel weiter, zumal wir in einer real existierenden Welt leben, in der wir uns die Köpfe einschlagen und aufgrund unserer natürlichen und künstlichen Antennen verschiedene Phänomene beobachten können. Das » Nichts« spielt allerdings bei der Diskussion um das Entstehen des Universums eine wichtige Rolle. Kann es »Nichts« im Rahmen der Quantenphysik überhaupt geben? An sich nicht, denn die Heisenberg'sche Unschärferelation besagt, dass das Produkt zweier komplementärer Größen immer einen endlichen Wert haben muss. Das bedeutet, dass von den beiden komplementären Größen «Universum Ja» und «Universum Nein» keine Größe null werden kann, und es somit das «Nichts» – das heißt «Universum Nein» – nicht geben kann. Daraus können zumindest die Optimisten die Gewissheit schöpfen, dass es das Universum immer geben wird, in welcher Form auch immer. Die Substanz bleibt, die Form ändert sich stetig und kann auch vom Menschen beeinflusst werden. Diese Freiheit scheint uns die Schöpfung gegeben zu haben. An der Substanz bleibt uns die Einflussnahme verwehrt. Die Quantenreligion ist sich dieser Einschränkung bewusst und nutzt alle Möglichkeiten, die Form des Universums zu gestalten. Die Substanz bleibt verborgen. Für einen persönlichen Gott, einen Gott der Furcht und Hoffnung, bleibt dabei kein Platz. Die oben gestellte Frage, »Was glaubt die Quantenreligion?«, kann nur so beantwortet werden: »Die Quantenreligion glaubt nicht, sondern versucht zu wissen.« Wir Menschen, aber auch Tiere und Pflanzen, haben Antennen, um die Umwelt wahrnehmen zu können. Wegen der in jeder Hinsicht beschränkten Empfindlichkeit und der Nichtverfügbarkeit von Antennen für verschiedene Phänomene naturwissenschaftlicher oder geisteswissenschaftlicher Art leben wir in einem Universum, das wir nur teilweise verstehen und das noch eine Unzahl von Überraschungen für uns bereithält. Diese zu erkunden ist eine der vornehmsten Aufgaben, wobei wir mit angenehmen und unangenehmen Überraschungen werden leben müssen. Bei diesen Überraschungen wird es sich um viele Phänomene handeln, die wir als konterintuitiv bezeichnen werden. Die Quantenphysik wird dazu etliche Beispiele liefern. Daraus ableiten können wir sicherlich, dass die Quantenphysik viel geheimnisvoller sein wird als unser »normales« Denken es gestattet.

GLAUBT ERWIN SCHRÖDINGER AN GEISTER?

Selbstverständlich, wie jeder vernünftige Mensch. »Beim Tod jedes Lebewesens kehrt der Geist in die Geisterwelt und der Körper in die Körperwelt zurück«, zitiert er Aziz Nasafi, einen islamisch-persischen Mystiker aus dem 13. Jahrhundert. Er lobt auch Kant für die Größe seines Gedankens, »dass dieses eine Ding – Geist oder Welt – sehr wohl anderer Erscheinungsformen fähig sein kann, die wir nicht zu erfassen vermögen und welche die Begriffe Raum und Zeit nicht enthalten.«

Nach dem Bell'schen Theorem, einer Physik jenseits der Quanten, ist die Welt, die wir für real halten, nicht objektivierbar. Sie existiert nur in unserem subjektiven Bewusstsein, und wir haben keine Ahnung, ob und wie sie in Wirklichkeit ist.

Heute glaubt man nicht mehr an ein materielles, sondern an ein Informationsuniversum, in dem überlichtschnelle Kommunikation mit Zukunft und Vergangenheit möglich ist. Eine Rechtfertigung der biblischen und anderen Propheten? Eigentlich ja. Der Astrologe ruft die Information aus den Sternen, die Zigeunerin aus den Handlinien ab. Aus Kristallkugel, Kaffeesatz, Tarot. Abgerufen wird die Information stets aus dem eigenen Bewusstsein, das wir für persönlich halten, obwohl es allgemein ist.

Eine kleine Anekdote zur Erholung: Erwin Schrödinger lebte, wie auch Arthur Köstler – der fulminante Literat der

Wissenschaften – in Alpbach. Unabhängig voneinander suchten beide einen bekannten Astrologen auf und nahmen ihre Horoskope in Empfang. Jahrelang richteten sie ihr Leben genau nach Horoskop ein. Jupiter, Venus, Saturn und so fort beherrschten ihre Unternehmungen, und an den Unglückstagen blieben sie einfach im Bett. Bis sich eines Tages herausstellte, der Sterndeuter hatte versehentlich ihre Horoskope und sie ihre Biografien vertauscht. (Arnold Keyserling +, Religionsphilosoph, Alpbacher und (!) Astrologe, hat es mir selbst erzählt.)

Wer bin ich?

Das ICH ist eine Gewohnheit, die man ablegen kann. Bleiben Sie Ihr eigener Widerspruch! Sie sind viele. Unterdrücken Sie nicht die anderen, die Sie auch sind. Haben Sie keine Angst! Lassen Sie sich fliegen wie einen Luftballon! Wie Luftballons …

Fantasie? Keineswegs. Mein lieber Freund Peter Berner +, der noch Elektroschocks gab und mit dem ich immer über Schamanismus stritt … Er hatte den Lehrstuhl für Psychiatrie und war Nachfolger des berühmten Hoff und seiner Klinik. Eines Tages: »Stell dir vor, man hat entdeckt, dass Schizophrenie unser natürlicher Zustand ist.« – »No, Peter, was sag ich die ganze Zeit? Jedes Ich ist ein Plural.« – »Dazu hab ich jetzt einen Forschungsauftrag an die Sorbonne!« Er ging mit seiner Frau, einer französischen Prinzessin, nach Paris und forschte.

Seien Sie schizophren! Hören Sie auf, sich als Singular zu wiederholen. Bleiben Sie keiner Idee treu. Hüten Sie sich vor Überzeugungen. Ihr Geist wird sonst unfähig, zu zeugen. Lassen Sie ihn fließen! Auch die Welt fließt. Die aus unendlich vielen Welten bestehende Welt.

Das Geheimnis der Quantenwelt

Sie ist unsichtbar. Ihre Bürger, die Quanten, können als Wellen und Teilchen erscheinen. Aber wir nehmen sie nicht wahr. Wir können sie nur berechnen. Ihre Masse, ihre Energie. Sie sind ein mathematisches Modell.

Im »Quantengott«, unserem ersten gemeinsamen Buch, haben Helmut Rauch und ich über eine Physik des Jenseits geschrieben. Wie Quanten, sind Tote unsichtbar. Kein mathematisches, sondern ein metaphysisches Modell.

Aber sind Tote unsichtbar? Und werden wir eines Tages auch Quanten erkennen?

Kaum jemand bezweifelt, dass menschliche Wesen, natürliche Objekte und unser Kosmos real in dem Sinne sind, dass wir sie berühren oder wir unseren Kopf an solchen realen Objekten anstoßen können. Dennoch gibt es starke erkenntnistheoretische Zweifel, ob solche Objekte, wenn sie nicht beobachtet werden, wirklich existieren. Der Mensch als Teil der Natur ist zumindest weitgehend von fundamentalen physikalischen Gesetzen bestimmt. Die wichtigste Rolle in diesem Zusammenhang spielen die Allgemeine Relativitätstheorie und die Quantentheorie.

Die Allgemeine Relativitätstheorie auf der einen Seite erklärt uns, wie Raum und Zeit verbunden sind, wie Energie und Masse zusammenhängen, und sie erläutert die Krümmung des Raumes. Die Quantentheorie andererseits sagt uns, wie sich Atome, Moleküle und biologische Objekte formieren und weshalb sie stabil sein können. Die kosmische

Mikrowellen-Hintergrundstrahlung mag als Überbleibsel des Urknalls von vor 13,7 Milliarden Jahren betrachtet werden. Neutronen (Neutrinos) treffen uns permanent mit hoher Intensität, aber deren Interaktion ist extrem schwach (dunkle Materie, dunkle Energie). Ein physikalisches Objekt kann komplementäre Merkmale aufweisen, d. h. es kann als Welle oder als Teilchen beobachtet werden, abhängig von der Messvorrichtung.

Beide Theorien beeinflussen stark unseren erkenntnistheoretischen Begriff vom Menschen, verwenden jedoch Konzepte und Definitionen, die unser bekanntes Wissen über alltägliche Phänomene übersteigen. In der striktesten Fassung der Quantenmechanik schaffen nur die Beobachtungen die Realitäten. Interferenzexperimente mit Materiewellen, hauptsächlich Neutronen, werden als ein Beispiel anzuführen sein, wie ein nichtteilbares Objekt über zwei etliche Zentimeter auseinanderliegende Strahlenpfade durch eine Vorrichtung dringt. Man beobachtet dieses Phänomen und hat eine quantenmechanische Beschreibung, aber eine klassische Interpretation dafür ist nicht möglich. Die Hauptschwierigkeit liegt im nichtlokalen Charakter der Quantentheorie. Ihr zufolge kann eine Beobachtung an einem Ort die Situation in einem beliebig entfernten anderen Ort beeinflussen, und dies sogar dann, wenn im Grunde ein Informationsaustausch unmöglich ist. Heutzutage können Quantenphänomene, die unser Leben jeden Tag mehr beeinflussen, auch auf makroskopischer Ebene beobachtet werden und müssen als Realität und nicht als mystische Eigenheit akzeptiert werden.

Der Prophet

Jede Religion hat einen Gott. Jeder Gott hat eine Religion. Bevor wir Sie in alte und neue Geheimnisse einweihen, möchte ich einen seiner Propheten zitieren. Er hieß Wolfgang Pauli, war einer der größten Physiker des zwanzigsten Jahrhunderts und erkannte den Zwillingscharakter der Realität, ihre rationale und irrationale Seite. Und das Träumen als Hintergrund der Physik:

»Es ist meine persönliche Ansicht, dass die Realität in der Wissenschaft der Zukunft weder geistig noch physikalisch sein wird, sondern irgendwie beides und irgendwie keines von beiden.«

Mit 57 Jahren schrieb er an seine Schwester Hertha: »Ich glaube nicht an die Zukunftsmöglichkeit der Mystik in der alten Form, (wohl) aber glaube ich, dass die Naturwissenschaften aus sich selbst heraus einen Gegenpol in ihren Vertretern hervorbringen werden, der an die alten mystischen Elemente anknüpft.«

Ich lernte Hertha Pauli durch den zu Unrecht in Vergessenheit geratenen Dramatiker Franz Theodor Csokor (»Dritter November«) kennen. Damals war ich Mitte zwanzig und sie viel älter. Trotzdem wurden wir enge Freundinnen. Hätte ich nur geahnt, wer ihr Bruder war! Ich hätte gefragt und gefragt und gefragt.

Beide Geschwister waren rational und irrational. Hertha war die Geliebte Ödön von Horvaths. Eine Wahrsagerin hatte ihm seinen Tod, mit Datum, prophezeit. Da er damals nicht die geringste Lust hatte, zu sterben, fuhr er nach Paris.

Dort würde, dachte er, das Datum nicht gelten. Außerdem hatte Hertha ihn dahin eingeladen. Auf dem Weg zu ihr brach ein Gewitter aus, und ein vom Blitz getroffener Baum erschlug ihn. Er war sofort tot, Herthas blutgetränkten Brief noch in der Brusttasche.

Danach lebte Hertha als Literatin in Amerika, kam aber jedes Jahr zweimal nach Wien und stieg im Graben-Hotel ab. Wie sie mir erzählte, rief sie dort jede Nacht der tote Ödön an, und sie redeten bis zu zwanzig Minuten lang miteinander. Wenn sie am Morgen den Nachtportier fragte, woher der Anruf kam, den er zu ihr durchstellte, war die Antwort jedes Mal: »Gnädige Frau, es kam kein Anruf für Sie.«

Es gab den berühmten Pauli-Effekt, und noch heute erzählen die Physiker Geschichten darüber. Denn kaum betrat Pauli ein wissenschaftliches Laboratorium, explodierten die teuersten Geräte. Allmählich erkannte er die Ursache dieser Phänomene in sich selbst.

Zwei Welten haben in Pauli gegeneinander gekämpft. »Ich bin der Kepler«, sagte er, »aber auch der Fludd.« An seinem inneren Widerspruch gingen die Maschinen in Feuer auf. Kepler war Wissenschaftler, Robert Fludd Hermetiker. Der Astronom gegen den Alchimisten, Kabbalisten, Rosenkreuzer …

Das erinnert mich an Nikolaus Cusanus, der schon Jahrhunderte vor der Quantenphysik von der coincidentia oppositorum sprach, dem Zusammenfall der Gegensätze zur Einheit. Sowohl Kepler als auch Fludd – sind wir nicht beide? Und verbrennen manchmal daran.

DER QUANTENGOTT

… trat Helmut Rauch und mir in unserem ersten gemeinsamen Buch gleichen Titels als duales Wesen entgegen. Vom Entweder–Oder wies er den Weg zu einem Sowohl–Als auch. Kuriosa in der Quantenwelt verbinden Sein und Schein. Leben und Tod können gleichzeitig existieren. Wir können in verschiedenen Zuständen erscheinen und haben mehr als nur eine Geschichte. Haben wir auch einen zweiten Quantengott?

DIE QUANTENGÖTTIN

Sie ist nicht Gaia. Sie kommt nicht aus dieser Welt, und auch nicht aus einer anderen. Sie ist die Erfüllung der Leere. Die Wirklichkeit des Traums. Das Leben des Todes.

Ihre Religion ist das als Welle und Teilchen erscheinende Quant.

Unsichtbar, rätselhaft, ein Paradoxon. Die Quantenreligion erkennt die Einheit der Vielfalt, das Ich im Du, das Sein im Nichts.

Wie der Quantengott ist auch sie eine Vision. Eine mathematische Vision. Aber ihre Zahlen haben den Zauber des Märchens.

Sie wurde geboren, als Helmut Rauch starb. Begleitet sie ihn jetzt auf seiner Reise ins Überall und Nirgendwo, die in die Unendlichkeit führt?

Ich möchte eine Geschichte erzählen

Eine mathematische Geschichte, obwohl ich in der Schule dreimal in diesem interessanten Gegenstand sitzengeblieben bin. Aber 1995 setzte ich mich jeden Abend – es war wie unter Zwang – an meine elektrische Schreibmaschine, trank eine Flasche Wein, ein Glas Schnaps, nahm die doppelte Dosis Schlaftabletten und schrieb eine Dreiviertelstunde lang, ohne zu wissen, was.

Unter anderem über positive und negative Zahlen, Nullen und so weiter, ich selbst verstand nicht ein Wort. Rief aber am nächsten Tag Edmund Hlawka an und las ihm das Unverständliche vor. Überrascht setzte Edmund sich mit Phil Davies in Verbindung, dem Pythagoräer der amerikanischen Brown-Universität. Phil kam nach Wien, besuchte mich …

Was war passiert? Ich hatte exakt die Richtung beschrieben, in der die Mathematik sich gerade zu entwickeln begann.

Es war nur ein Kapitel in einem Buch, das mir Tote diktierten, von Pythagoras bis Paul Feyerabend, Dionysius Areopagita bis Erich Jantsch. 654 Seiten lang, erschien es 1996 unter dem Titel »Das Leben beginnt mit dem Tod« und bekam fünf Sterne.

Was war passiert? Sie erfahren es in den nächsten Zeilen. Mir selbst wurde es erst in letzter Zeit voll bewusst. Die Wissenschaft sollte sich des Themas annehmen, ich denke vor allem an die Hirnforschung, vielleicht auch an eine neue Psychologie mit dem Ahnherrn C. G. Jung. Das könnte unsere Welt, vor allem auch unsere Schulsysteme, wesentlich verändern.

Rechner und Sänger

Wir haben zwei Hirnhemisphären. Links residiert die Ratio, und Newton erklärt uns die Welt. Obwohl er zwei Fehltritte in die rechte Irrationale gemacht hat, die wir ihm mit Vergnügen verzeihen. Denn er wollte Materie und Licht ineinander verwandeln, und nie ging der Ofen bei ihm aus. Er war auch Alchimist.

Alles, was wirklich wichtig und interessant ist, kommt aus der rechten, irrationalen Hemisphäre. Zum Beispiel die Musik, Mythen und Religionen, die ganze Kultur. Und die Quantenphysik! Die Linke rechnet, und die Rechte singt.

Darf ich ein paar Sänger vorstellen? Sokrates, Giordano Bruno, Paracelsus, William Blake: »Wären die Pforten der Wahrnehmung geöffnet, erschiene dem Menschen alles, wie es ist: unendlich.« In einem Sandkorn erblickte er die ganze Welt.

Ich vermute in der rechten, irrationalen Hirnhemisphäre ein noch blockiertes kosmisches Bewusstsein. Manchmal lockert sich die Blockade, und wir wissen! Ich denke an Sokrates: »Jedes Lernen ist ein Sich-Erinnern.«

Noch ein paar Sänger und ihre Lieder! Hermes Trismegistos, dreimal mächtiger Hermes und sagenhafter Schöpfer der Alchimie: »Das gemeine Volk nennt allein die Veränderung einen Tod, weil das Leben … in das Verborgene eintritt. … Aber nicht so, dass dieselbe wird aufgelöst. … Die Verbergung ist die Erneuerung.« Öffnen wir uns seiner Einsicht, lächeln wir allen Toden entgegen.

Oder Heraklit, von dem wir wissen, dass alles fließt. »In

die gleichen Ströme steigen wir und steigen wir nicht; wir sind es und sind es nicht.«

Sir James Jeans bezeichnet »als die hervorstechendste Leistung der Physik des 20. Jahrhunderts nicht die Relativitätstheorie mit ihrer Zusammenschweißung von Raum und Zeit oder die Quantentheorie … oder die Spaltung des Atoms mit der daraus folgenden Entdeckung, dass die Dinge nicht das sind, was sie scheinen, sondern die allgemeine Erkenntnis, dass wir noch nicht in Berührung mit der letzten Wirklichkeit sind.«

Norbert Wiener in seiner Autobiografie: »Ich bin Mathematiker. Also bin ich Künstler!«

Ich möchte eine zehnte Muse einführen, und sie ist vielleicht die schönste von allen: die Muse der Wissenschaft. Denn ich verstehe immer weniger, wie man Kunst und Wissenschaft je voneinander trennen konnte. Sie sind unsere Flügel, und nur wenn wir beide ausbreiten, können wir fliegen.

Was ist geheimnisvoller – das Lächeln der Mona Lisa oder die Quantenphysik?

QUANTENWELT – WAS IST DAS?

Max Planck gilt als Begründer der Quantenphysik. Diese hat jedoch eine Reihe anderer Väter, wie Erwin Schrödinger, Werner Heisenberg, Wolfgang Pauli, Louis de Broglie und viele andere. Sie stellt die wesentliche Basis für die heutige Naturbeschreibung dar und hat auch essentielle Bedeutung im Bereich erkenntnistheoretischer Forschung. Deshalb einige Eckpfeiler dieser Theorie.
- Es gibt eine kleinste Wirkung, die mit dem Heisenberg-Wirkungsquantum h beschrieben wird. (Minimale Wirkung)

- Zwei komplementäre Größen, wie Ort und Geschwindigkeit, können nicht gleichzeitig beliebig genau gemessen werden. (Heisenberg'sche Unschärferelation)
- Jedes Objekt kann als Welle oder Teilchen gesehen werden. (Dualismus)
- Materie und Licht sind gequantelte Systeme, wobei es einen Grundzustand und angeregte Zustände gibt. (Quantisierung)
- Alle Systeme sind seit dem Urknall miteinander verschränkt, was einer generellen Kopplung aller Eigenschaften entspricht. (Entanglement)
- Nur Mittelwerte, d. h. nur statistische Aussagen sind möglich. Die Einzelschicksale bleiben unbekannt. (Ensemble-Dilemma)

Diese Phänomene werden mit Hilfe der Schrödinger-Gleichung beschrieben und sind im Rahmen von Experimenten mit atomaren und subatomaren Objekten voll bestätigt worden. Warum wir diese Effekte nicht stets auch im täglichen Leben beobachten, liegt daran, dass in der makroskopischen Welt stets zahlreiche mikroskopische Objekte zusammenwirken und deshalb die vorhergesagten Effekte verschmiert werden bzw. dass unsere Antennen dafür zu unempfindlich sind: Beobachtet man die spektrale Zusammensetzung (= Farbe des Lichts, so erkennt man eine mit h gequantelte Struktur.

Treibt man in einem Mikroskop die Auflösung immer höher, mehr und effizientere Linsen, so erkennt man, dass es eine Grenze des Auflösungsvermögens gibt.

Ein an sich unteilbares Objekt kann gleichzeitig durch zwei voneinander getrennte Schlitze gehen und anschließend wieder als ursprüngliches Objekt erscheinen.

Ein System mit zwei Zuständen, Grundzustand und angeregter Zustand, kann als Modell für die Existenz der Natur an sich verstanden werden. Der Grundzustand (Tod) kann durch Absorption eines Photons in den angeregten Zustand übergehen (Leben) und anschließend durch innere oder äußere Einwirkungen wieder im Grundzustand enden.

Es gibt Experimente mit zwei verschränkten Photonen, die gleichzeitig in verschiedenen Richtungen emittiert werden. Erfolgt nun eine Messung in einem Arm, so hat das augenblicklich Auswirkungen auf die Situation im zweiten Arm. Das funktioniert auch mit mehreren Photonen und zeigt, dass im Endeffekt alles seit dem Urknall miteinander verschränkt ist.

Es ist nicht schwer zu versuchen, diese im Mikrokosmos gemachten Erfahrungen auf den Makroskosmos auszuweiten, wobei man eine Brücke zwischen der Existenz eines atomaren Zweizustandsatoms zur Existenz von Lebewesen bis zur Existenz des Universums ziehen kann. Weitere Spekulationen ließen sich mit der Heisenberg'schen Unschärferelation ziehen. Nimmt man »Sein« oder »Nichtsein« als komplementäre Eigenschaften, so muss das Produkt endlich bleiben, was bedeutet, dass keine Eigenschaft null werden kann, was auf eine physikalische Notwendigkeit des Seins, d. h. des Universums hindeutet.

RELIGIONSKRIEGE

»Besser«, meint der Dalai Lama, »es hätte nie Religionen gegeben.« Und da hat er natürlich recht. Wieviel Elend haben
sie über die Menschen gebracht! Und erlöst hat sie keine.

Eine glückliche Ausnahme ist die Quantenreligion. Ihre
Kriege werden an den Universitäten ausgetragen, und die
Professoren sterben normalerweise nicht dabei. Ihre Heiligen
sind – von Max Planck bis Helmut Rauch – relativ fried-
lich. Meine Lieblingsheiligen sind, außer Helmut, Wolfgang
Pauli, Erwin Schrödinger, Walter Thirring und Hans-Peter
Dürr. Ihre Heiligenscheine verstecken sie gewöhnlich unter
unauffälligen Hüten.

Übrigens war der Dalai Lama selbst ein Anhänger der
Quantenphysik und hat ihre Theorien bei Carl Friedrich
von Weizsäcker studiert. Das Techtelmechtel mit den Subatomaren, deren Charakter sprunghaft und schizophren ist,
hat ihn fasziniert. Dass Licht nicht abwechselnd, sondern zugleich als Materie auftritt und Materie als Licht …

Die Welt ist nicht wirklich, sondern wahrscheinlich. Wir
und der Tod auch? Man wacht auf und merkt, dass man jemand – oder etwas! – ganz anderes ist. Und die Wirklichkeit
fällt uns von den Augen wie Schuppen.

Bleiben wir streng bei den Gesetzmäßigkeiten der Quantenphysik, so ergibt sich die Existenz des Universums aus der
Heisenberg'schen Unschärferelation, nach der keine der komplementären Größen »Universum Ja« und »Universum Nein«
wirklich null werden kann. Wir sind also in einem Schwebe-

zustand zwischen »Sein« und »Nichtsein«. Zusätzlich scheint es einen Ordnungsbegriff zu geben, demzufolge sich die Natur in wohldefinierten Quantenzuständen realisiert, was wir als Ansatz zu einer geordneten und wohl auch zielorientierten Evolution werten können. Diese wohldefinierten Zustände finden wir in den Atomen, den Molekülen, Kristallen und neuerdings besonders anschaulich in Bose-Einstein-Kondensaten, wo etliche zehntausend Atome in magneto-optischen Fällen untersucht werden können und ihr geordnetes quantenphysikalisches Verhalten demonstrieren.

Es gibt kein Ich, keine Zeit, keinen Tod

Das sagte mein Mann eines Abends am offenen Kaminfeuer in jenem alten Rindlberger Haus, in dem die Geister aus- und eingingen. Der Quantengott hat genickt. Und gelächelt.

Der Quantengott, dem Helmut Rauch und ich in unserem letzten Buch auf der Spur waren. Ein Gott, der weder Tugenden belohnt noch Sünden bestraft. Quanten sind nicht moralisch. Quanten sind nicht unmoralisch. Ihr Gott ist es auch nicht. Er hat keine Gebote erlassen, und keine Verbote. Ein fremder, unsichtbarer Gott, der zugleich eine Göttin ist.

Niemand hat noch ein Teilchen direkt gesehen, niemand eine Welle. Weil wir es nicht erkennen, berechnen wir es. Dieser fremde Gott hat nichts mit dem Geschlecht zu tun, und vielleicht auch nichts mit unserer Welt. Aber mit dem Tod? Was bedeutet der Tod in der Quantenreligion?

Er ist eine Wandlung. Jede Wandlung ist ein Abenteuer, das uns uns selber entfremdet. Dabei bleibt man nur, indem man sich wandelt, man selbst. Ein Paradoxon, wie alles auf dieser Welt. Wir müssen uns daran gewöhnen, verzaubert zu sein. Vom Embryo bis zum Leichnam! Verzaubert von der Zeit. Oder verhext.

Da das Gegenteil jeder Wahrheit ebenfalls stimmt, sind wir sowieso gleichzeitig lebendig und tot, was Paracelsus bestätigt: »Was nach unserem Tod geboren wird, das ist die Seele.« Der Tod ist, wenn wir ihn nicht entmannen, die Zeugung des Lebens. Ein entmannter Tod kann nicht mehr zeugen. Wir sollten ihn endlich in Ruhe lassen! Aufhören, ihn um jeden Preis verhindern zu wollen. Es muss wieder erlaubt sein, zu sterben!

Mumifizierung des Lebens kann nicht die Aufgabe der Medizin sein. Wir haben den Tod verlernt. Sterben müsste man schon in der Volksschule lernen, wie das ABC und das Einmaleins. Sonst hat man ein Leben lang Angst davor.

Früher hat man den Leib als Erscheinung der Seele erkannt. Eine von vielen. Schließlich hat sie das Recht, ihre Erscheinung zu wechseln. Sie ist halt ein Komödiant.

Und wenn der Komödiant keinen Text mehr hat? Wenn die Rolle, die er gespielt hat, im Theaterstück nicht mehr vorkommt? Dann tritt er eben als Geist auf! Wir haben nicht nur das Sterben, wir haben sogar das Spuken verlernt. Weil der Leib nicht mehr weiß, dass er eine Seele ist. Er ist eben vergesslich. Also muss man ihn daran erinnern, wie der Religionsphysiker Roger Penrose es tut: »Wir sind unsterbliche Informationsquanten!«

Wenn wir über die Zeit sprechen, müssen wir uns mit der Einstein'schen Relativitätstheorie beschäftigen. Zunächst sagt die Spezielle Relativitätstheorie, dass die Zeit vom Bewegungszustand eines Systems abhängt. Für einen Piloten oder Raumfahrer vergeht die Zeit geringfügig langsamer als für einen Erdbewohner. Bei intergalaktischen Reisen kann man sich vorstellen, dass ein rückkehrender Zwillingsbruder nur um die Hälfte dessen gealtert ist wie sein auf der Erde gebliebener Zwillingsbruder. Dieser Effekt der Zeitdilatation ist für mikroskopische Teilchen vielfach und mit hoher Genauigkeit beobachtet worden. Würden wir und könnten wir uns mit Lichtgeschwindigkeit ($\sim$300.000 km/s) fortbewegen, so würde die Zeit stillstehen.

Noch interessanter ist die Abhängigkeit der Zeit von der Gravitation gemäß der Allgemeinen Relativitätstheorie. Demnach vergeht die Zeit langsamer, wenn wir uns in einem starken Gravitationsfeld befinden, z. B. in der Nähe der Sonne oder eines Schwarzen Loches. Die Zeit ist also relativ, daher auch die Zeitspanne zwischen Geburt und Tod.

Diese Zeitspanne können wir auf elementare Prozesse zurückführen, wenn wir uns ein einzelnes Atom im Grundzustand und im angeregten Zustand vorstellen. Trifft irgendein Energiebündel ein Photon, ein Atom im Grundzustand, so wird dieses in den angeregten Zustand übergeführt, was wir als Geburt bezeichnen können. Durch innere Dynamik, aber auch durch äußere Einflüsse kann das angeregte Atom wieder ein Photon emittieren, sodass es in den Grundzustand zurückfällt, was wir als Sterben bezeichnen können. Die Zeit dazwischen hängt von der inneren Dynamik des Atoms ab, aber auch von externen Einflüssen. Dazu gibt es interessante Experimente, bei denen man untersucht hat, ob ein Atom schneller oder langsamer in den Grundzustand übergeht, wenn es durch ein Schutzschild von äußeren Einflüssen geschützt ist, oder wenn es stetig beobachtet wird, ob oder ob nicht es bereits in den Grundzustand übergegangen ist, d. h. »gestorben« ist. Diese sogenannten Zeno-Effekt-Messungen zeigten deutliche Einflüsse der Abschirmung und der Beobachtungsfrequenz: Wenn wir das auf die makroskopische und menschliche Ebene extrapolieren, können wir es als Hinweis darauf deuten, dass das Leben in Gebäuden, die Schutz gewähren, und ein regelmäßiger Arztbesuch lebensverlängernd wirken können.

Wovor sollte ein unsterbliches Informationsquant sich fürchten?

Der Verfall

Obwohl es keine Zeit gibt, kommt eine Zeit, in der wir weder die Welt noch uns selbst mehr erkennen. Wie ist das passiert? Eben noch waren wir Kinder. Und auf einmal wissen wir nicht, wer wir sind und wo.

Es ist, als wäre man ausgegangen und wüsste nicht mehr, wohin. Es ist, als wäre man nicht mehr bei sich selber zu Haus. Man schaut in den leeren Kalender und ist sehr allein. »Kann ich etwas dafür«, denken wir, »dass ich so alt bin? Vielleicht hätte ich längst sterben sollen. Aber ich weiß nicht, wie man das macht.«

Dann weinen wir vielleicht ein bisschen und erinnern uns an die schönen Gesellschaften, die wir früher besuchten. Und viel zu lang blieben. Erinnern uns an die Gastgeber, die verstohlen auf die Uhr schauten und gähnten. Dann standen wir auf, bedankten uns und suchten die Tür.

Wir suchen sie jetzt auch, die Tür. Aber wir finden sie nicht. Und alle schauen auf die Uhr. Alle gähnen.

Wir sind alt und gehen ins Altersheim. Und bleiben, wie einst auf den Gesellschaften, bis wir Pflegefälle werden. Dann kommen wir noch immer nicht auf den Friedhof, sondern in eine Anstalt.

Dabei sind wir, wie Schrödingers Katze, lebendig und tot. Leben und sterben zur selben Zeit. Unsere Biografie ist ein Rätsel. Es war einmal ein Samen und ein Ei, die verschmolzen und ein Fötus wurden, ein Kind, ein Mann, eine Frau, ein Leichnam. Das Wachstum ist auch der Zerfall. »Von

Stunde zu Stunde reifen wir«, schreibt Shakespeare, »und von Stunde zu Stunde faulen wir.« Gleichzeitig. Wir reifen und verfaulen jetzt.

Herrscht zwischen den einzelnen Ereignissen eine Gravitation und verbindet sie zur Geschichte?

Ein Recht auf das Leben.
Ein Recht auf den Tod

Jeder hat ein Recht auf Leben. Der Mensch, die Butterblume, das Schwein. Giraffe und Amsel, Brennnessel, Tintenfisch, Elefant. Da alle netter sind als der Mensch, haben sie sogar das größere Recht.

Wir wissen nicht, ob Schmetterlinge oder Tulpen an einem besonders hohen Lebensalter interessiert sind. Auch das Walross stirbt ohne Widerrede. Nicht einmal die Sterne machen, wenn sie verglühen, ein großes Geschrei.

Lauter Vorbilder! Obwohl der Mensch nur sich selbst für vorbildlich hält und an sein Recht auf ein langes und immer längeres Leben glaubt. Auch und gerade dann, wenn es durch Verlängerung hässlich und immer hässlicher wird. Jede Birke würde uns auslachen, jede Schleiereule, jeder Mops.

Die Ärzte haben den hippokratischen Eid auf das Leben geschworen, weshalb sie glauben, es unter allen Umständen retten zu müssen. Dabei ist es gar nicht nötig, das Leben zu retten. Es geht sowieso nie verloren. Da es sich aber fortwährend verwandelt, erkennen wir es nicht wieder. Das Leben, das wir nicht wiedererkennen, nennen wir Tod.

Das bekannte, persönliche Leben, das uns allein interessiert, ist ein verderbliches Gut. Doch lässt Verderbliches sich konservieren? Der konservierte Mensch ist zwar nicht wirklich lebendig, aber auch nicht wirklich tot. Sondern ein Erfolg, ein Triumph der Medizin. Sie ist sehr stolz darauf, uns – wenn schon nicht ewig, so doch bis zur totalen Auflösung – am Sterben zu hindern.

Was sagt die Quantenreligion dazu? LOSLASSEN!, sagt sie. Lassen Sie sich selbst los, und alles andere ergibt sich von selbst.

Oskar Fritz Schuh, der geniale Regisseur, lachte, als er starb. Seine Witwe Ursula hat es uns erzählt. Carl Zuckmayer, der große Dramatiker, vollbrachte den Tod. »Sterben«, sagte er, »ist eine schwere Arbeit.« Dr. Müller, der Mann meiner ersten Theaterverlegerin Maria Sommer, selbst Arzt, ist singend gestorben. Er war damals schon krank. Plötzlich richtete er sich im Bett auf und begann zu singen. Hörte nicht mehr auf. Er sang, bis er tot war.

Uns hat die Geschichte sehr berührt.

Es war keine bekannte, es war eine völlig fremde Melodie. War er es selbst, der im Tod erklang?

Auch wenn ein Freund von ihm starb, hörte Gottfried diese seltsame Musik. Als ich ihn bat, sie aufzuschreiben, schüttelte er den Kopf. »Für diese Musik«, sagte er, »gibt es keine Noten.«

Pythagoras – Mathematiker, Physiker, Philosoph – erklärte den Himmel als Harmonie und Zahl. Vor zweieinhalbtausend Jahren schuf er eine mathematische Theologie, erkannte Zahlen als Wesen und die Natur der Seele als Musik. Ihm gebührt ein Ehrenplatz im Paradies der Quantenreligion!

Die Quantenreligion findet immer mehr Gläubige. Für sie spricht Benoit Mandelbrot, selbst einer ihrer Priester: »Nicht das Chaos, sondern die Ordnung ist Tod und Verfall.«

Leben und Tod sind zwei Eigenschaften einer Medaille. Selbst ein einzelnes Atom erlebt eine Geburt, wenn es vom Grundzustand in den angeregten Zustand übergeht und nach einiger

Zeit wieder in den Grundzustand zerfällt (Tod). Wir können die Form unserer Existenz verändern, nicht aber die Substanz. Auch für makroskopische Objekte gilt, dass nichts verloren gehen kann. Beim Tod bleiben alle Bestandteile erhalten, und selbst dann, wenn wir die Atome zertrümmern, würden sie in anderer Form weiterexistieren. Auch hier sehen wir, dass wir die Form beeinflussen können; die Substanz nicht.

Sehen wir uns als Beispiel Wasser an, und zwar in flüssiger und fester Form (Eis). Durch eine Temperatur- oder Druckänderung können wir Wasser in fester oder flüssiger Form herstellen. Wir würden den Phasenübergang fest–flüssig nicht als Geburt und Tod darstellen, weil der Vorgang reversibel erscheint. Schauen wir allerdings näher hin, so sehen wir, dass sich die einzelnen Atome nach jedem Phasenübergang unterschiedlich verhalten. Noch drastischer kann man das mit der Detonation einer Bombe darstellen. Auch dabei bleibt die Substanz erhalten, aber die Form ändert sich gewaltig. In diesem Fall haben wir nicht nur alle Atome zusammenzufinden, sondern auch die abgestrahlte Energie zu berücksichtigen. Nur so haben wir eine Erhaltung der Substanz bei gleichzeitiger Zerstörung der Form.

Auch beim Tod eines Menschen bleibt die Substanz vollständig erhalten, allerdings in verschiedener Form. Wenn wir hier von der Substanz reden, reden wir nicht nur von der materiellen Substanz, sondern wir müssen auch alle Gedanken und Gefühle des Verstorbenen berücksichtigen, die irgendwo in den Büchern, in den Köpfen anderer oder in den Weiten des Universums gespeichert sind.

Es bleibt somit auch beim Tod die gesamte Substanz erhalten, erscheint allerdings in anderen Formen, für die wir häufig keine oder nur zu unempfindliche Antennen haben.

Ratschläge einer Raupe

»Eine Zeitlang blickten die Raupe und Alice einander schweigend an; endlich nahm die Raupe ihre Wasserpfeife aus dem Mund und sprach mit matter, schläfriger Stimme: ›Wer bist denn du?‹

Das war keine ermutigende Eröffnung eines Gespräches. Sehr schüchtern erwiderte Alice:

›Augenblicklich weiß ich – weiß ich es selber nicht genau, mein Herr –, das heißt, ich weiß wohl, wer ich war, als ich heute morgen aufstand, aber wenn nicht alles trügt, bin ich seitdem mehrmals verwandelt worden.‹

›Was willst du damit sagen?‹, fragte die Raupe streng. ›Drück dich doch klar aus!‹

›Ich fürchte, mein Herr, ich kann mich selbst nicht klar ausdrücken‹, sagte Alice, ›weil ich nicht ich selbst bin, Sie verstehen!‹

›Ich verstehe nicht‹, sagte die Raupe.

›Ich kann es wirklich nicht klarer sagen‹, erwiderte Alice sehr höflich, ›denn erstens versteh ich es selber nicht, und außerdem ist es sehr verwirrend, wenn man im Laufe eines Tages so oft die Größe wechselt.‹

›Es ist nicht verwirrend‹, sagte die Raupe.

›Nun, vielleicht haben Sie das noch nicht so empfunden‹, sagte Alice, ›aber wenn Sie sich in eine Puppe verwandeln müssen – und eines Tages müssen Sie das ja – und dann später in einen Schmetterling, nun, ich glaube, das wird Ihnen auch ein wenig komisch vorkommen, meinen Sie nicht?‹

›Nicht im Geringsten‹, sagte die Raupe.

›Nun, Ihre Gefühle mögen ja anders sein‹, sagte Alice, ›jedenfalls weiß ich, dass es mir komisch sein würde.‹

›Dir!‹, sagte die Raupe geringschätzig. ›Wer bist denn du?‹

Und damit waren sie wieder beim Anfang ihrer Unterhaltung angekommen. Alice fühlte sich gereizt durch die reichlich knappen Bemerkungen der Raupe. Sie nahm eine steife Haltung an und sagte sehr ernst: ›Ich meine, es wäre wohl angebracht, dass Sie mir zuerst einmal sagen, wer Sie sind.‹

›Warum?‹, sagte die Raupe.«

Raupe, Puppe, Schmetterling. Auf jeder Stufe sind wir dieselben, und auf jeder Stufe sind wir andere. Erkennt die Raupe den Schmetterling?

Es fällt uns leichter, mit der Vergangenheit zu kommunizieren als mit der Zukunft. Aber wie verraten wir, wo wir gerade wer sind?

»Das war nun wieder eine knifflige Frage; und da Alice kein triftiger Grund einfiel und die Raupe überdies offenbar in einem unerfreulichen Gemütszustand war, wandte Alice sich zum Gehen.

›Komm zurück!‹, rief die Raupe ihr nach. ›Ich habe etwas Wichtiges zu sagen!‹

Das klang vielversprechend; deshalb drehte Alice sich um und ging wieder zurück.

›Immer ruhig Blut behalten!‹, sagte die Raupe.«

Und das war gar kein so übler Rat. Wie viele Wissenschaftler haben Selbstmord begangen, weil ihre Theorien abgelehnt wurden. Und wie viele Künstler, weil ihre Bücher nicht ge-

lesen, ihre Musik nicht gehört und ihre Bilder nicht ange-
schaut worden sind.

Aber schon indem sie ihre Theorie, ihr Buch, ihre Musik
denken, teilt sie sich der ganzen Welt mit. Obwohl jeder für
seine eigene Stimme halten wird, was vor Jahrtausenden erkannt worden ist. So sprechen etwa die Vorsokratiker mit der
Stimme von Max Planck.

Sie haben einen Kieselstein ins Meer des gemeinsamen
Bewusstseins geworfen, und in Wellen breitet die Information sich nach allen Richtungen aus. Nehmen Sie das holo-
grafische Weltbild! Es hat sich auf einer von Newton sehr
weit entfernten Zeitstufe entfaltet. Doch als die Ersten von
uns sie betraten, war sie nicht leer. Die großen Mystiker der
Vergangenheit standen alle schon dort.

Mit dem Alphabet der Zeit buchstabieren wir die Ereignisse. Die Grammatik, auf die wir uns dabei geeinigt haben,
nennen wir Geschichte.

»»Also du meinst‹, sagte die Raupe, ›du wärest verwandelt
worden, nicht wahr?‹«

Wer oder was wird verwandelt, und wie? Hat früher das
Subjekt in einer Welt getrennt voneinander existierender
Objekte gelebt, sind im Postnewton'schen Universum der
Relativitätstheorie und Quantenphysik alle in allem enthal-
ten. Nichts ist begrenzt und getrennt. Alles ist aufeinander
bezogen, voneinander abhängig, durch einander bedingt.
Pulsiert, schwingt, lebt.

Die Person? Gewiss, sie ist noch immer die Maske, durch
welche die Stimme hindurchtönt. Die Stimme der fließen-
den Ganzheit.

Hat die Person sich verwandelt?

»›Ich fürchte wirklich, mein Herr‹, sagte Alice, ›ich kann mich gar nicht mehr an die Dinge erinnern wie früher – und ich kann noch nicht zehn Minuten lang dieselbe Größe beibehalten.‹ – ›An was für Dinge erinnern?‹, sagte die Raupe.«

Das Vertauschungsspiel zwischen Raupe und Schmetterling verdeutlichen verschiedene Erscheinungsformen physikalischer Phänomene. Das können wir anhand der Einstein'schen Energie-Masse-Relation durchspielen.

$$E = mc^2$$

– wobei c die universelle Lichtgeschwindigkeit darstellt (c = 299.792 km/s). Eine Beziehung, die uns schon hilft, die Entstehung des Universums besser zu verstehen. Masse kann jederzeit in Energie umgewandelt werden und umgekehrt. Kurz nach dem Urknall wird es im Wesentlichen nur Energie gegeben haben, und mit der Zeit ist ein Teil davon in Form von Teilchen, Sternen und Galaxien kondensiert, ähnlich wie Wasserdampf bei Abkühlung in Form von Tröpfchen an den Wänden, aber auch in der Luft kondensiert. Aus obiger Formel erkennen wir, dass wir wohl Energie verbrauchen können, besser gesagt umwandeln können, diese dann aber als Masse weiterexistiert.

Ähnlich wie sich Energie in Masse und umgekehrt umwandelt, kann sich auch Raum in Zeit und umgekehrt umwandeln. Daraus folgt, dass die Zeit in der Nähe großer Massen langsamer vergeht als entfernt von diesen. Das bedeutet, dass man bei einer genauen Zeitangabe auch angeben sollte, wie nahe man sich einem kosmischen Objekt befindet.

In diesem Kapitel werden die grundlegenden Eigenschaften der Natur angesprochen. Zunächst die Verwandlung. Die Raupe wird zum Schmetterling, ähnlich wie flüssiges Wasser zu Eis werden kann und umgekehrt. Als Physiker bezeichnen wir diesen Vorgang als Phasenübergang. Die Rückwandlung des Schmetterlings ist allerdings nicht so einfach wie das Schmelzen von Eis, aber es findet wieder unter der Beibehaltung der Substanz, aber mit einer Änderung der Form statt. Auch Menschen können verschiedene Phasenübergänge erleben. Am einfachsten ist dabei der Übergang von Munter in den Schlafzustand, der uns neue Welten im Sinne von Träumen eröffnet und uns zeigt, dass wir verschiedene Wirklichkeiten wahrnehmen können.

Wichtig dabei ist, wie zuvor Lotte Ingrisch beschrieben hat, dass uns die Erfahrung lehrt, und die Quantenphysik lehrt, dass »nichts begrenzt ist, und nichts voneinander getrennt ist. Alles ist aufeinander bezogen und voneinander abhängig«. Und hier sind wir wieder beim Begriff der Verschränkung, ein Begriff, der uns bei der Beschreibung der Evolution seit dem Urknall verfolgt. Einzelne Verschränkungen von Photonen, Atomen und Farbzentren können wir experimentell nachweisen. Bei mehreren wird das bereits sehr schwierig und bei makroskopischen Systemen praktisch unmöglich, was aber nicht bedeutet, dass es diese Verschränkung nicht immer und überall gibt. Hier muss das Problem angesprochen werden, dass auch der Beobachter mit dem Untersuchungsgegenstand verschränkt ist, was eine Aussage, die nur den Untersuchungsgegenstand betrifft, unmöglich macht. Diese Verschränktheit ist nicht nur auf die materielle Welt bezogen, sondern auch auf die Gedankenwelt, wo jeder Gedanke mit anderen Gedanken verschränkt ist, egal ob wir das anregend oder verwerflich finden.

Wo herrscht der Quantengott?

Überall. In dieser und vielleicht auch allen anderen Welten. Die Quantenreligion ist archaisch. Sylphen, Gnome, Kobolde, Irrlichter, Werwölfe verbergen sich in den Formeln der Quantenmechanik. Riesen, Zwerge und Trolle. Die Quantenphysik hat nämlich die Anderswelt entdeckt. Die Traumzeit zu ihrer Religion gemacht. Und sie kann zaubern!

Wir brauchen keine Zeitdilatation. Wir haben ja die Feenhügel! Dort sind die Menschen manchmal für fünf Minuten verschwunden, und als sie wieder herauskamen, waren fünfhundert Jahre vergangen.

Und schon lang vor Schrödingers Katze (vor Schrödinger ziehe ich alle meine Hüte, obwohl ich nur ein Pullmannkapperl hab) ahnten wir, dass man lebendig und tot ist, und zwar zugleich. Aber ich möchte, dass Sie es wissen! Mein Leben lang hab ich versucht, Schrödingers Katze zu Ihrem Haustier zu machen.

Ich kann beweisen, dass Tote nicht verschwinden. Ich kann Ihnen hunderte Geschichten darüber erzählen. Aber ich habe keine Zeugen. Bis auf zwei, und sie sind über jeden Zweifel erhaben. Ich rufe den ersten in den Zeugenstand!

Carl Wochinz! Er war Maler und Bruder des seinerzeitigen Klagenfurter Theaterdirektors. Vor Jahrzehnten lernte ich ihn beim Stehkaffee in der AIDA kennen. Er war schüchtern, leise, schmal. Aber seine Selbstporträts waren dämonisch. Eigentlich wollte er mir nur seine Geschichte erzählen. Eine Gespenstergeschichte, die er während seiner russischen Kriegsgefangenschaft erlebt hatte. Ermunterte ich ihn zu wenig? Er hatte alle meine Komödien gesehen, meine Bücher gelesen. Trotzdem kamen wir kaum über das Grüßen hinaus. Denn er kam immer wieder und, wie ich heute weiß, nicht nur wegen des Kaffees. Wir lächelten, winkten einander zu. Das war alles.

Eines Nachts wachte ich auf, und er stand vor meinem Bett. In einem langen weißen Nachthemd. Ich schüttelte den Kopf, rieb mir die Augen – und drehte mich auf die andere Seite. Schlief wieder ein.

Am nächsten Morgen läutete das Telefon. Ein Unbekannter stellte sich vor: »Nikolaus Wochinz. Mein Vater hat so oft und so liebevoll von Ihnen gesprochen. Ich möchte nicht, dass Sie es aus der Zeitung erfahren. Er ist heute Nacht überraschend gestorben.« Ich, verwirrt: »In einem langen weißen Nachthemd?« Pause. Dann: »Mein Vater trug selbstverständlich Pyjamas. Aber zwei Tage vor seinem Tod kaufte er sich ein weißes Nachthemd. Und in dem ist er, direkt vor seinem Bett … Es war wie ein Totenhemd.«

Wochinz, Wochinz … Hieß nicht der Direktor des Radiokulturhauses so? Ich griff zum Telefon: »Haben Sie mich angerufen?« – »Nein, das war mein Cousin.« Ich erzählte die Geschichte. »Ich kenne sie«, sagte der Herr Direktor. »Sie war wochenlang das Familiengespräch.«

Wir sollen uns den Quantengott nicht mensch- oder tierähnlich vorstellen. Wir haben keine Antennen, um Gott direkt zu erkennen. Wir haben höchstens Antennen oder Sinneseindrücke, die von der Existenz eines höheren Wesens, sagen wir eines »Gottes« zeugen. Wir nähern uns dabei einer Art kosmischer Religiosität, wie sie auch von Albert Einstein propagiert wurde, und die auch Anklang im Buddhismus findet.

Es handelt sich somit um keine Furchtreligion, aber ebenso wenig um eine soziale oder moralische Religion. Worauf kann man sich dann berufen?

In diesem Zusammenhang möchte ich in erster Linie die Naturgesetze erwähnen und dabei speziell die Naturkonstanten, zumal diese universell sind, im gesamten Universum gelten und sich nach derzeitigem Stand auch zeitlich nicht ändern. Als Beispiel seien hier erwähnt die konstante Lichtgeschwindigkeit, die Elementarladung, das Plank'sche Wirkungsquant, die Masse der Elementarteilchen oder die Gravitationskonstante. Diese Größen bestimmen die Struktur und die Dynamik des Universums und die Stabilität der Atome und Moleküle und bewirken damit den Weitergang der Evolution. Diese Größen scheinen unserem Kosmos von außen aufgeprägt zu sein und können somit rational nicht erklärt, sondern nur akzeptiert werden. Die Quantenphysik und die Relativitätstheorie bringen diese Größen in Verbindung mit den von uns gemachten Erfahrungen, die wir mit unseren natürlichen und künstlichen Antennen erhalten können. Es lohnt sich daher, diesen Theorien Aufmerksamkeit zu schenken, zumal damit Effekte erklärt werden können, die ansonsten spukhaft blieben. Wahrscheinlich gibt es auch noch andere Zugänge zu transzendenten Phänomenen, die das Wirken von uns nicht beobachtbaren Wesen, sagen wir, »Göttern« nahelegen. Wunderheilungen mögen da dazugehören.

Wenn in diesem Kapitel von Schrödinger-Katzen gesprochen wird, so soll dazu eine kurze Erläuterung folgen. Erwin Schrödinger hat diese Situation erfunden, um den schon damals überzeugten Anhängern der Quantenphysik, wie Werner Heisenberg, Niels Bohr, Wolfgang Pauli und anderen die Obskuritäten dieser Theorie vor Augen zu führen. Es stellte sich allerdings nachträglich heraus, dass diese Obskuritäten tatsächlich von der Quantentheorie beschrieben und vorhergesagt werden. Worum geht es:

Eine Katze wird in eine undurchsichtige Kiste gesperrt, und darin befindet sich eine Giftampulle, die zerbricht, sobald ein Strahlungsquant eines radioaktiven Präparates die Ampulle trifft. Die Katze wäre dann tot. Die Quantenphysik sagt jedoch etwas anderes voraus, und zwar, dass die Katze bis zu einer Beobachtung sowohl tot als auch lebendig ist, und erst der Beobachtungsvorgang entscheidet, ob man die Katze lebend oder tot in der Kiste vorfindet. Zahlreiche Experimente mit Photonen und Atomen haben dieses Phänomen bestätigt und gezeigt, dass zwei sich anscheinend ausschließende Zustände (tot und lebendig) gleichzeitig existieren können.

Wieso wir das mit unserer Hauskatze nicht beobachten, liegt daran, dass wir die Katze in der Kiste nicht so isolieren können, dass sie wirklich unbeobachtet bleibt. Jeder Stoß von Luftmolekülen oder jede Art kosmischer Strahlung bedeuten eine Beobachtung und die Katze tot oder lebendig und nicht tot und lebendig. Diese Aussage betrifft natürlich nicht nur tot oder lebendig, sondern auch viele andere Situationen. So kann sich z. B. ein nichtteilbares Objekt gleichzeitig an zwei sehr verschiedenen Orten befinden oder zwei verschiedene Wege wählen, wenn es sich vor einem Doppelspalt befindet. Derartige Experimente haben wir selbst mit Neutronen durchgeführt, und das quantenphysikalische Verhalten voll bestätigt gefunden.

Lieber Helmut!

Bis hierher hast Du an unserem gemeinsamen Buch geschrieben. Dann begann Dein Herz langsamer zu schlagen, bis es zuletzt ganz stehen blieb. Einen Tag vorher haben wir noch telefoniert: »Der Tod ändert die Frequenz.« Du hast nicht widersprochen. Nur als ich sagte, wir würden bald wieder Wodka mit Physik im Bräunerhof trinken, hast Du geschwiegen.

Ich werde jetzt für Dich weiterschreiben. Aus E-Mails, die wir einander schickten, meiner Erinnerung an unsere Gespräche, an Dich.

Aus Respekt habe ich Deinen Text nicht geglättet. Deine Muttersprache war die Physik. Aber Du hattest einen wunderbaren Deutsch-Professor im burgenländischen Oberschützen, Fleischmann hieß er, und er liebte die Transzendenz. Du hast ihn bis zu seinem Tod verehrt und besucht. Durch ihn hast Du die Welt als Geheimnis erkannt, als Rätsel, das Du Dein Leben lang zu lösen versucht hast.

Du bist mein Lehrer geworden, mein Freund, mein Verbündeter. Gegen die Häme einiger Kollegen hast Du es gewagt, die Physik der Metaphysik zu öffnen und das materialistische Weltbild als falsch zu entlarven. Du hast uns aus einem Gefängnis befreit!

Ich werde nun aus Deinen Mails zitieren:
Schon Deine berühmten Versuche in Grenoble –

legen die Deutung nahe, dass dasselbe Neutron zu jedem Zeitpunkt als Welle UND als Teilchen existiert.
Alles ist ein Quantenfeld, und Materie darin sind Feldanregungen. – Es gibt viele Phänomene, für die wir keine Antennen haben, die aber trotzdem existieren.

Notizen für einen Vortrag, den Du bei einem Gottfried-von-Einem-Fest in Oberdürnbach gehalten hast:

In der Quantenphysik inklusive Relativitätstheorie gibt es so viele überraschende Phänomene, die von vielen Leuten nach wie vor als okkult angesehen werden. Wenn wir bereit sind, diese Theorien in voller Breite anzuwenden, kommen wir zu einem neuen Weltbild, welches den Menschen als Teil der Natur (nicht nur als Beobachter) sieht und diesen in die Gesamtevolution mit einbezieht. Im Rahmen dieser Theorien ist uns auch bewusst, dass wir nur einen kleinen Teil der Natur erkennen und uns der Großteil verschlossen bleibt.

Ein Intermezzo mit William Blake

Er war ein Zeitgenosse Goethes. Ein Rebell, ein Prophet, ein Dichter. In seiner »Hochzeit von Himmel und Hölle« erklärt er den Geist, nicht die Materie zur Grundsubstanz. Die schlimmste aller Eigenschaften war für ihn die kalte und »vernünftige« Fähigkeit des logischen Denkens. Wie hätte er die Quantenphysik, frei von der schlimmsten aller Eigenschaften, geliebt!

Als er noch ein Kind war, sah er Engel in einem Baum, den Propheten Hesekiel auf der Wiese und bezog dafür eine Tracht Prügel von seiner Mutter. Daran hat sich bis heute nicht viel geändert. Kinder – im Allgemeinen bis zu ihrem fünften Lebensjahr – sehen mehr als ihre Eltern und werden dafür bestraft. Was für ein Unsinn!

William Blake blieb ein Kind. Erkannte die Welt in einem Sandkorn und die Ewigkeit in einer Stunde. Ernennen wir ihn zu einem Heiligen der Quantenreligion?

Was ist Religion?

Wohl die Suche nach dem Sinn des Lebens, nach der Wiedervereinigung des Diesseits mit seinem Ursprung, dem Jenseits, und der Glaube an übernatürliche Mächte.

Sind Quanten übernatürliche Mächte? Nun ja, wir bestehen aus ihnen. Sind wir übernatürlich? Vielleicht in unserem jenseitigen Zustand. Wie vereinigen wir unseren diesseitigen mit unserem jenseitigen Zustand? Durch den Glauben, lehren viele Religionen. Auch, sagen manche, durch Erkenntnis.

Es mag Sinn und Amt des Lebens sein, Materie in Geist zu verwandeln. Nicht Leben und Tod sind die großen Gegensätze. Denn wenn Einstein recht hat und die Trennung in Zukunft und Vergangenheit Illusion ist, sind wir gleichzeitig lebendig und tot. Zwei einander überlagernde Zustände des Bewusstseins, die immer wieder ineinander übergehen. Die wahren Gegensätze sind Materie und Geist.

»Das Jenseits liegt nicht irgendwo im Himmel«, schreibt Gustav Fechner, »sondern ist eine höhere Entwicklungsstufe des Diesseits, wie Raupe, Puppe, Schmetterling. Ich sterbe mit der Überzeugung, dass Religion und Naturwissenschaft sich versöhnen … und dem Materialismus die Waffen entwunden werden.«

Der Zoologe Hans Driesch hielt das Paranormale für eine alltägliche Erscheinung. »Das Jenseits ist die wahre Wirklichkeit des Diesseits.«

»Was bleibt übrig?«, fragte ich den Kosmologen Wolfgang Rindler. »Egal, ob explodierender Stern oder sterben-

der Mensch.« – »Photonen«, antwortete er. »Nur Photonen.«
Also Licht.

Helmut und ich träumten von einer Religion aus Bergpredigt und Quantenphysik. Aber das Generalthema unserer
Gespräche war und blieb der Tod. Darum gehört die folgen-
de seltsame Geschichte genau in dieses Buch:

Die zweite Geschichte und ihre Zeugin

Sie heißt A. S., ist Juristin und beriet die Österreichische Bundesregierung bei ihrem Beitritt zur Europäischen Union. Sie ist Präsidentin des Europäischen Wirtschafts- und Sozialausschusses und Präsidentin der Weltunion für Freie Berufe mit Sitz in Paris. Sie ist Ritterin der Französischen Ehrenlegion und Trägerin des Goldenen Ehrenzeichens für Verdienste um die Republik Österreich. Und, und, und.

Aber bevor ich sie in den Zeugenstand bitte, muss ich unsere Geschichte erzählen, die vor Jahrzehnten an einem Vormittag am Wiener Graben begann.

Eine Unbekannte sprach mich an. Sie sei Juristin und arbeite für Brüssel, ihr Büro sei in der Tuchlauben, direkt über der Firma meines ersten Mannes. Und sie bat mich um ein Gespräch.

»Sehr gern«, sagte ich. »Geben Sie mir Ihre Telefonnummer, ich rufe Sie an.« Denn ich war schon fast unterwegs nach Rindlberg: zu unseren sechs Schafen, sechs Katzen, dem Ziegenbock, dem Kaninchen, der Taube und jeder Menge Gespenster.

Leider habe ich ihren Namen vergessen und ihre Telefonnummer verloren. Jahre vergingen.

Ein Wolf stirbt

Seit wann kannte ich Jörg Mauthe? Eigentlich, so kam es mir vor, kannte ich ihn schon immer. Ein Wolf ohne Rudel. Ein Saturnier mit Humor. Doktor der Byzantinistik, Journalist, Redakteur, Programmplaner des Österreichischen Fernsehens.

Zur allgemeinen Überraschung, und vielleicht sogar zu seiner eigenen, ging der Liberale mit dem Lieblingsdichter Jorge Luis Borges zuletzt in die Politik. Amtierte – sein Freund Erhard Busek bat ihn darum – als schwarzer Stadtrat mit grünen Punkten sieben Jahre lang auf Stiege sieben im Wiener Rathaus, und beinahe alles, was in dieser Zeit Gutes passierte, haben er und Dr. Busek gemacht.

Ein mittelgroßer Mann mit meerblauen Augen, und die Falten auf seiner Stirn schrieben alle ein V wie Vulkan. Mit fünfzig Jahren veröffentlichte er seinen ersten Roman, »Die große Hitze oder die Errettung Österreichs durch den Legationsrat Dr. Tuzzi«, und mit fünfundfünzig »Die Vielgeliebte«, den zweiten. Als 1986 sein drittes Buch, »Demnächst«, erschien, war er schon tot. Ich komme in allen drei Büchern vor.

Das zweite ist eine Mythologie Wiens, wo sich die Götter herumtreiben. Beim Begräbnis der »Vielgeliebten«, die keine andere ist als die Erde in Person, erzählt Hermes ihre Geschichte.

In der »Großen Hitze« wird ihretwegen der Legationsrat Tuzzi beauftragt, Kontakt mit den Zwergen aufzunehmen, welche die letzte Hoffnung des Landwirtschaftsministers sind. Auf der Suche nach den Zwergen und ihren unterirdischen Quellen fragt der österreichische Beamte sich durch alle drei Moiren durch. Und Elisabeth von Atropijan alias Atropos, die Unabwendbare, bin ich.

In die »Vielgeliebte« schrieb er mir eine seltsame Widmung: »In den Ländern hinter den Spiegeln sagen wir einander Servus + Serva. Dein Jörg.« Servus mit dem Totenkreuz. Diener und Dienerin. »Was«, fragte ich, »meinst du damit?« Und er sehr leise: »Das weiß ich selbst nicht.« Drei Wochen später begann er, zu sterben.

»Wo«, fragte ich, »lässt du dich begraben?« Wie befreiend, so etwas fragen zu können! Denn der Wolf und die Eule, wie wir einander nannten, hatten beschlossen, eine Brücke zwischen Leben und Tod zu schlagen, die unsere natürlichen Zustände wieder verbindet, aus den beiden getrennten Hälften ein Ganzes macht. Eine Brücke aus Licht, und wenn sie gelingt, könnten vielleicht alle über sie gehen. Wäre das Ende unserer tragischen Einseitigkeit nicht auch das Ende von Angst, Hass und Gier?

Auch ein Politikum also. Darum bat ich meinen Herrn Stadtrat des dies- und des jenseitigen Wien um den verlorenen Schlüssel zur Anderswelt. Jeden Donnerstag wollten wir die Plätze tauschen. Sein Geist würde dann in mich fahren und meiner in ihn. So hätten wir beide Anteil an der oberen und unteren Welt. »Vergiss den Donnerstag nicht!«, begann ich meinen letzten Brief. Die Länder hinter den Spiegeln (Lewis Carroll) sind das Totenreich. Servus und Serva. Diener und Dienerin …

Am 30. Jänner 1986 um elf Uhr nachts richtete ich mein Herz auf ihn. Hab versucht, ihm über die Schwelle zu leuchten. Ihn getröstet und ermutigt. Plötzlich setzte ich mich im

Bett auf und sagte: »Ich, Atropos, schneide den Faden deines Lebens ab. Jetzt!« und fühlte, wie eine große Kraft mich vibrierend verließ.

Beim Aufwachen am nächsten Morgen spürte ich, es gehe ihm gut. Ich rief an, und seine Witwe sagte mir, dass er eine Stunde vor Mitternacht gestorben ist. Um elf Uhr, das war genau die Atropos-Zeit.

Aber erst am 5. November 1987 überkam mich ein unerklärliches Verlangen nach der Fremden, die mich einst am Graben angesprochen und um ein Gespräch gebeten hatte. Ich rief die zweite Frau meines ersten Mannes in der Tuchlauben an: »Margitterl, lauf eine Treppe hinauf und klingle. Eine Frau wird dir aufmachen. Sag ihr, sie soll mich sofort in Rindlberg anrufen. Sofort!«

Eine Stunde später rief sie an. »Ich weiß nicht, warum«, sagte ich. »Aber ich muss mit Ihnen sprechen. Nur, ich bin nicht in Wien. Ich bin in Rindlberg.« Die Juristin lachte. »Ich hab morgen einen Termin im Waldviertel. Ich komme!«

Am 6. November 1987, einem Donnerstag, stand sie vor unserer Tür. Und jetzt bitte ich die zweite Zeugin zu Wort. Nein, warten Sie noch …

FABELWESEN

Unser Geist ist ein Netz, das wir – Fischer der Wirklichkeit – ins Licht werfen. Wie wir das Netz knüpfen, bestimmt unseren Fang. Die Maschen und Knoten sind aus Wörtern und Zahlen gemacht. Wir selbst bestimmen unsere Erfahrungen und können sie jederzeit ändern.

Oder, wie es die Quantenphysik sagt: »Wir erschaffen durch unsere Beobachtung die Welt.« Technik und Industrie knüpfen andere Netze als die Quantenreligion.

Paul Feyerabend, das Enfant terrible der Philosophie: »Es kommt ganz darauf an, wer das Universum hinterfragt. Fragt ein Materialist, antworten Atome und Quarks. Fragt ein Metaphysiker, antworten die Götter.«

Ein paar hundert Jahre lang haben wir ziemlich langweilige Fragen gestellt, und entsprechend langweilig fielen die Antworten aus. Das Zeitalter der Aufklärung und des Fortschritts geht vermutlich als eines der uninteressantesten in die Geschichte ein. Und noch immer antworten den meisten Leuten Aktienkurse und Politik.

Die Welt, glauben wir, wird durch Bomben verändert. Durch Hunger und Terror. Und ertränken verzweifelte Asylanten im Meer. Warum versuchen wir nicht, andere Fragen zu stellen? Die Quantenreligion soll nicht, wie die anderen, eine Religion der Antworten sein. Die Quantenreligion ist eine Religion der Fragen! Keine absolute, sondern eine lustige Religion. Einer ihrer Priester sei Paul Feyerabend und eines ihrer Gebote sein berühmtes »Anything goes! Alles ist möglich!« Elektronen, Positronen, Neutronen. Und Geister!

Und Feen! Und Holden, denen die Photonen vielleicht am ähnlichsten sind.

Die Edda unterscheidet weiße Elfen des Lichtes und schwarze Elfen der Finsternis. Und jetzt hat man entdeckt, dass es nicht nur helle, sondern auch dunkle Photonen gibt! (Was mir der tote Walter Thirring, mit dem ich nachts manchmal plaudere, schon fast ein Jahr, bevor auch die Physik es merkte, verriet.) Hat aber nichts mit Finsternis zu tun. Die Quantenreligion ist nicht moralisch.

Gibt es Elfen, gibt es Automobile, gibt es uns selbst? Nein, nichts von alledem. Es gibt – hier küssen sich alte Mystik und neue Physik – nur das Licht.

Wir schauen ins Licht und erblicken Atome und Quarks. Oder Sylphen, Pigmäen, Salamander. Haben wir schon alle Farben des Lichtes erkannt? Elben und Trolle sind – wie Atome und Quarks oder wir selbst – reine Energie, die wir in Bilder übersetzen, in Symbole, in Formeln.

Ich halte Neutrinos für fabulöser als Einhorn, Sphinx und Basilisk. Aber erst die Doppelgänger! Jedes Teilchen hat sein Antiteilchen. Treffen sie aufeinander, löschen sie sich gegenseitig aus. In Schottland holt der Doppelgänger die Menschen in den Tod. Man vermeidet daher, sich selbst zu begegnen. Es verheißt Unheil. Nicht für die Juden! Sie werden dadurch zu Propheten. Der Talmud berichtet von einem Mann, der auf der Suche nach Gott sich selbst begegnet ist.

Teilchen können sich in alles mögliche verwandeln. Drachen auch. Der chinesische Drache reitet auf dem Wind, hat göttlichen Rang und ist wie ein Engel, der gleichzeitig ein Löwe ist. Nur im Abendland wird er als Ungeheuer betrachtet.

Der Kirchenvater Origenes lehrte, dass die Seligen als Kugeln auferstehen und in die Ewigkeit rollen. Das ist insofern interessant, als Menschen – und ich spreche aus Erfahrung – in außerkörperlichen Zuständen immer wieder als leuchtende Kugeln wahrgenommen werden.

Der Epigenetiker Johannes Huber und vor ihm der Biologe Rupert Sheldrake halten Photonen für Engel und Engel für Photonen. Die heilige Hildegard von Bingen hielt sie einfach für Licht.

Ich aber werde den Verdacht nicht los, dass die alten Mythen der Unterwelt, die Sagen und Märchen als neue Gesetze in der Quantenphysik wiederauferstehen. Die Quantenreligion ist eine alte, ist vielleicht die älteste Religion überhaupt.

Ihre Gebete sind Formeln, ihre Rituale Experimente, und Theorien ihre Evangelien.

Erfahren Gläubige der Quantenreligion Himmel und Hölle, Verdammnis und Seligkeit? Ja!

Durch bestätigte und widerlegte Theorien.

Ihre Kirche ist subatomar, und vielleicht hätten wir gern – außer den Heiligen – ein paar Kirchenväter. Der heilige Augustin würde passen: »O Mensch, lerne tanzen! Was sollen die Engel im Himmel sonst mit dir anfangen?« Ich stelle mir den Tanz der Photonen vor, ein Lichtballett.

Ich glaube, dass Photonen persönlich sind. Individuen. Allerdings hält man Engel für unpersönlich. Dürfte ziemlich langweilig sein. Aber »Die Hierarchie der Engel«, schreibt Dionysius Areopagita, »ist eine Hierarchie der Erleuchtung.« Gibt es eine Hierarchie der Quanten? Können Quanten erleuchtet sein?

Der Physiker im Wunderland

Viele hielten die Riesen und Zwerge, das ganze Volk der Elbischen für Gottheiten früherer Kulturen. Aus den Leichnamen der Vergangenheit stiegen sie, unter dem bösen Blick der katholischen Päpste, als Kobolde, Dämonen und Naturgeister wieder in uns auf.

Riesen wären demnach Personifikationen von Sturmwinden oder Zyklonen, Erdbeben oder Eruptionen. Sie sind die ältesten Unsterblichen überhaupt.

Im alten Ägypten gab es einen Gott der Luft: Schu. Seit jeher ist die Luft das Element Unsterblicher, von den Engeln bis zu den Elben. Die Welt der Toten liegt – wie die der zwergischen Unsterblichen – unter der Erde. Unterirdisch beide, die Elben wie die Toten.

Odin ist ein Gott der Nacht, des Zaubers, der Toten. Stammen unsere Quanten von den Gottheiten früherer Kulturen ab? Gottheiten, die im Lauf der Jahrtausende zu Elben wurden, die sich verwandeln konnten, immer kleiner wurden und zuletzt in der Unsichtbarkeit verschwanden.

Woran erinnert uns das? Zuerst gab es Atome, die zu Teilchen wurden, sich verwandeln können, immer kleiner werden und unsichtbar sind. Ob tot oder lebendig – wir wissen es nicht. Ich halte sie für lebendig, aber noch haben wir weder für das Leben noch den Tod eine absolute Definition. Wenn Einstein recht hat und die Trennung von Zukunft und Vergangenheit Illusion ist, sind wir beides. Lebendig und tot. »Als Physiker kann ich dir nicht widersprechen«, sagt der

Atomphysiker Helmut Rauch: »Tod ist der Grundzustand, der zu Leben angeregt werden kann.«

Ich bin verliebt in die Quantenphysik, in der die kartesianische Trennung von Beobachter und Beobachtetem nicht mehr gilt. Sondern der Beobachter verändert das Beobachtete, wird eins mit ihm. Eins auf der subatomaren Ebene, wo feste Körper sich ins Unbestimmte, Unbestimmbare auflösen.

Erinnert uns dies nicht an die geisterhafte, schillernde, sich beständig verwandelnde Elbenwelt?

Elben sind ehemalige Götter, deren Macht und Größe dahinschwand. Elben sind gefallene Engel. Elben sind Naturgeister. Elben sind Menschen. Elben sind riesig. Elben sind winzig. Elben sind …

Durch Ihre Art, sie zu sehen, entscheiden Sie – wer oder was Elben sind!

Sylvie und Bruno

Der unvergleichliche Lewis Carroll, dem wir »Alice im Wunderland« und »Alice hinter den Spiegeln« verdanken, gibt uns in »Sylvie und Bruno« einen guten Rat: »Welches ist die beste Zeit, um Feen zu sehen? Ich denke, darüber kann ich euch wohl etwas sagen. Die erste Regel lautet: Es muss ein sehr heißer Tag sein. Und ihr müsst etwas schläfrig sein, aber auch wieder nicht zu schläfrig. Und dann solltet ihr euch auch ein bisschen feenmäßg fühlen.«

Das ist früher freilich leichter gewesen. Wann fühlt sich heute schon ein Bankdirektor feenmäßig? Oder ein Fußballer, eine Zahnärztin, ein Lastwagenchauffeur.

Wer Wesen der Zwischenwelt wahrnehmen will, muss selbst ein wenig zwischen den Welten leben. Nach Kant ist die andere Welt ohnedies nur eine andere Anschauung. Der Lidschlag zwischen zwei An-Schauungen wäre demnach das Zwischenreich.

Auch das Zwischenreich zwischen Teilchen und Welle?

In ihm lösen Raum und Zeit, wie wir sie kennen, sich auf. Beide sind von Rissen und Spalten durchzogen, und ein einziger Schritt entfernt uns, vielleicht für immer, von allem Vertrauten. Die Reise in die Feenwelt machen wir ohne Kompass, es gibt keine Landkarte, und fortwährend verändern und verschieben sich ihre Grenzen. Alles ist schöner, aber auch unklarer, unbestimmter. Sogar das Licht ist feenhaft und so, als erhielte die Sonne ihren Glanz vom Mond.

Geriet Erwin Schrödinger in dieses Zwischenreich, Wolfgang Pauli, Hans-Peter Dürr?

Ich weiß nicht, ob die Physik sich mit der Lehre von den Entsprechungen beschäftigt hat. In die Quantenreligion gehört sie unbedingt hinein. Lewis Carrols verschiedene Bewusstseinszustände mit wechselnden Graden auch. Ich zitiere die Bewusstseinsgrade des Menschen.

a) Der Normalzustand, in dem er sich der Anwesenheit von Elben nicht bewusst ist.

b) Der »grisselige« Zustand, in dem er sich neben seiner realen Umgebung auch der Anwesenheit von Elben bewusst ist.

c) Eine Art Trance, bei der er (d. h. sein immaterielles Wesen) sich seiner realen Umgebung nicht bewusst und offenkundig eingeschlafen ist, während er sich in einer anderen Umgebung der Wirklichkeit oder im Feenland befindet.

Wenn wir statt Feen Wellen sagen, könnte es stimmen. Auch wenn wir die andere Wirklichkeit immateriell nennen. »Es gibt keine Materie«, heißt eins der Bücher von Hans-Peter Dürr. Ich vermute in ihm einen Bruder Lewis Carrolls, der ein Mathematiker war, ein Theologe und ein Kind.

Die Entrückung

Die Quantenphysik (Einstein-Podolsky-Rosen-Paradoxon) lehrt, dass es eine raumlose, zeitlose, akausale Dimension unseres Seins gibt. Die Mystiker aller Religionen haben sie Ewigkeit genannt. Nachts im Traum treten wir in diese Dimension ein. Oder wenn wir sterben. Oder wenn wir entrückt werden.

Ich halte es für möglich, dass auch Traum und Tod Entrückungen sind. Entrückte Menschen sind geisterhaft. Sie schlafen, und nur von Zeit zu Zeit wachen sie auf.

Ich wünsche mir entrückte Physiker für die Quantenreligion! Jetzt hält mein verehrter Helmut Rauch mich wahrscheinlich für verrückt. Aber sind Verrückte nicht auch Entrückte?

Es gibt Sonnenreiche, in denen die Helden und Wissenschaften gedeihen. Und es gibt die Mondreiche der Magier und der Träumer.

Die Quantenreligion springt mit schöner Unregelmäßigkeit – wie das Quant selbst – zwischen Sonne und Mond hin und her. Professor Rauch ist für die Sonne zuständig und ich für den Mond. Darum darf ich sagen, dass ein Quant als Teilchen und Welle erscheint wie wir als Leib und Seele.

Wie es sich wirklich verhält, wissen wir ohnedies nicht. Alle Religionen sind Vermutungen, und Glaube ist entweder Gehorsam oder – wie in der Gnosis – der Wunsch, zu erkennen. Der Versuch, zu verstehen. Es gibt unendlich viele Grade des Erkennens. Im untersten reißt der Wolf das Schaf. Im obersten Grad des Verstehens sind Wolf und Schaf eins. Wie Teilchen und Welle. Was wir getrennt wahrnahmen, fließt wieder zusammen. Erkennt der Träumer den Traum, erkennt er sich selbst.

Die Welt vibriert

Ich pflege mich in Geister zu verlieben. Das ist angenehm und völlig problemlos. Zum Beispiel muss man ihnen nicht treu sein. Ich verbringe meine Nächte mit Schrödinger oder Swedenborg, je nachdem, auf wen ich gerade Lust habe. Das ist sehr abwechslungsreich. Ich frage, und sie antworten. Ob in mir selbst oder anderswo, spielt keine Rolle. Da Raum – experimentell bewiesen – Leere ist, sehe ich da keinen großen Unterschied.

In den letzten Jahrzehnten habe ich viele Nächte mit Itzhak Bentov verbracht. Ich möchte ihn in die Quantenreligion einschmuggeln, denn da gehört er hin.

Er war ein böhmischer Abenteurer, 1923 geboren, wurde biomedizinischer Techniker und starb 1979. Aber was heißt schon Sterben? Er verschwand wie das Quant zwischen zwei Sprüngen.

Er war kein professioneller Physiker. Wollte nur wissen, wie die Welt funktioniert. Bevor er starb, beschäftigte er sich mit veränderten Bewusstseinszuständen.

»Unsere ganze Realität«, schreibt er, »schwingt und vibriert. Nichts ist statisch. Vom Atomkern angefangen, der mit ungeheurer Geschwindigkeit schwingt, kann man in jedem Elektron und in jedem Molekül Schwingungswerte finden, die für die jeweilige Einheit charakteristisch sind. Ein äußerst wichtiger Aspekt hierbei ist die Schwingungsenergie. – Unsere Realität ist eine schwingende Realität, angefüllt von ›Klängen‹ verschiedener Art.«

»Es scheint, als bestünde die wahre Realität – die Mikrorealität, die hinter unserer guten alten, soliden Alltagsrealität steckt – aus unermesslichem, leerem Raum, angefüllt mit oszillierenden Feldern! Es sind viele verschiedene Arten von Feldern, die alle miteinander in Beziehung stehen. Schon die kleinste Veränderung in einem dieser Felder überträgt sich auf die anderen … und alle Schwingungen breiten sich weiter und weiter in den Kosmos hin aus.«

Nahm er da nicht schon die Chaostheorie vorweg? »Ein Mensch in tiefer Meditation«, schreibt er später, »kommt mit dem Kosmos in Resonanz, und ein Energieaustausch findet statt. – Der Körper gerät in Resonanz mit dem elektrischen Feld des Planeten.«

»Unsere Sinne übersetzen uns die Realität in einen Morsecode aus Tätigkeit und Ruhe. Das ist unsere subjektive Realität.

Diese Sprache aus Tätigkeit und Ruhe lässt sich mit der Bewegung eines Pendels oder Oszillators vergleichen.

Erreicht ein Pendel seinen Ruhepunkt, dann wird es für eine sehr kurze Zeitspanne nicht-materiell und breitet sich mit fast unbegrenzter Geschwindigkeit in den Raum aus.«

Eine Stelle aus einem tibetisch-buddhistischen Buch legt dasselbe nahe: »Die berührbare Welt ist Bewegung.«

»Ohne Veränderung oder Bewegung gibt es weder eine objektive noch eine subjektive Realität.« Bentov ist überzeugt von einer zukünftigen Wissenschaft, die nicht bloß physikalische, sondern auch geistige Phänomene erklärt.

Nicht nur Bentow! Von Einstein bis Schrödinger, sie alle forschten über die Zusammenhänge von Geist und Natur. Und unser Zeitgenosse Brian Josephson, Cambridge-Professor, der 1973 seinen Nobelpreis teilte, arbeitet am Projekt der Vereinigung von Geist und Materie. Zum Ärger seiner Kollegen beschäftigt er sich mit Telepathie und Homöopathie … A propos!

HOMÖOPATHIE

Hahnemann hat sie 1796 begründet, sie hat unendlich viele Menschen und Tiere geheilt.

Soeben wurde verboten, sie an den Universitäten zu lehren.

Mich quälten 50 Jahre lang allnächtliche Schmerzen. Die Schulmedizin hat mir nicht geholfen. Durch einen glücklichen Zufall lernte ich den Arzt und Homöopathen Dr. Karl Gruber aus Krems kennen. Er gab mir ein paar Globuli – und nach drei Tagen war der Schmerz weg.

Auch die Heidelberger Ärztin Gisela Schönig, zuerst nur eine Leserin meiner Bücher, hat mir mit Aqua Karlsbad, einem wunderbaren Homöopathikum, sehr geholfen. In Österreich ist es verboten.

In der Gemeinde Bad Großpertholz im Waldviertel heilte der homöopathische Tierarzt Dr. Brandeis – auch das kann ich persönlich bezeugen – nicht nur Pferde, Kühe, Katzen, sondern auch Menschen. Bis zu seinem Tod gingen sie, statt zum Doktor, nur mehr zu ihm.

Die Pharmaindustrie liebt das Geld. Weshalb sie wohl auch gegen ein Sterberecht ist, für das ich seit einem halben Jahrhundert streite. Nur Leidende bringen Geld. An Toten verdient die Pharmaindustrie nichts.

Wenn wir an die Dualität von Welle und Teilchen denken, wirkt die Schulmedizin auf das Teilchen und die Homöopathie auf die Welle. Homöopathie überträgt – immateriell – Information.

Ein Spektrum von Realitäten

Zurück zu Bentov! »Unser Wissen«, schreibt er, »bewegt sich in einer endlosen Spirale aufwärts, und von jeder höheren Spiralwindung aus können wir unser vorheriges Wissen in einem größeren Zusammenhang überblicken. So sind Newtons Gesetze der Mechanik zu einem ›Sonderfall‹ innerhalb Einsteins Relativitätstheorie geworden, und auch diese Theorie wird einst ein Sonderfall in einer Wissenschaft sein, die nicht nur physikalische, sondern auch geistige Phänomene erklärt.«

Bentov glaubt an ein ganzes Spektrum von Realitäten, und dass auch Pflanzen und Mineralien Bewusstsein besitzen. Ich teile seinen Glauben und schließe Dinge mit ein.

»Materie, die, wie wir wissen, aus Energiequanten besteht, ist der vibrierende, sich wandelnde Bestandteil des reinen Bewusstseins.«

Bentov nennt relative Wirklichkeiten. Die Wirklichkeit der Mineralien, der Pflanzen, der Tiere, der Menschen … Aber Moment! Hat darüber nicht schon Jakob von Üxküll geschrieben? Die Welt der Grashüpfer, der Elefanten, der Delphine …

Und die Welt der Quanten? Eine Welt, die wir berechnen, aber nicht kennen. Eine unbekannte Welt. Ein unbekannter Gott.

Könnte er der übersinnliche Gott der Gnosis sein?

Der fremde Gott

Wir können ihn nur ahnen. Jenseits von Gestalt und Geschlecht, ist er Alles und Nichts.

»Rette mich aus dem Reich der Materie!« Die Welt ist der Hades der Toten, die warten, erweckt zu werden. Sie träumen von der Befreiung des Lichts aus der Materie. Der gnostische Gott ist Licht. Die Seelen der Verstorbenen sind Teile des Lichts.

Der erleuchtete Mensch erkennt sich in Gott und als fremd in dieser Welt. Er ist auf der Welt, aber nicht von der Welt. Der Schöpfer kann nicht der Erlöser sein.

»Ich bin nicht von dieser Welt«, hat Jesus gesagt. Ist er der Sohn des fremden Gottes?

Der Sohn des gnostischen Gottes und nicht der Sohn des Demiurgen, der diese Welt erschaffen hat!

Jesu Welt ist das Jenseits und der Gott der Gnosis ein jenseitiger Gott.

Die Doppelnatur

Selbst ohne Gestalt, bilden Quanten alle Gestalten. Sie haben eine Doppelnatur. Das Teilchen kann als Welle erscheinen. Ihre Biografie ist stetiger Wandel.

Der Quantengott ist, wie der Gott der Gnosis, dual. Physisch und metaphysisch. Teilchen und Welle.

Die Gnosis kennt einen lachenden Gott. Durch ein siebenmaliges Lachen entsteht die Welt. Sieben ist die Zahl des Todes. Ist die Welt aus tödlichem Gelächter entstanden?

»Der ich scheine, bin ich nicht«, weiß die Gnosis. »Die Seele gehört zum Leib. Geist hat nichts mit dem Leib zu tun und nichts mit der Seele.« Geist ist höher. Geist ist tiefer. Machen wir die Quantenreligion zu einer Religion des Geistes!

Little People

Was ich, Ihrer Fantasie vertrauend, bisher andeutete, wird immer mehr zur Gewissheit. Wir beobachten das Licht – und erschaffen Quanten. Wir beobachten das Licht und erschaffen das Kleine Volk, little people. Es ist aus unserem Vokabular verschwunden, weil wir es nicht mehr beobachten. Dagegen trat ich an! In den siebziger Jahren hab ich für das ZDF »Fairy« geschrieben, das erste grüne Fernsehspiel. Ich hab sogar einen Feenverein gegründet, amtlich registriert, um Menschen und Feen wieder liebevoll zu vereinen.

Ein Scherz? Nein, ich meinte und meine es ernst. Information sendet sich aus. Ob als Fee oder als Quant – immer ist es sowohl das eine als auch das andere. Das gilt, im Prinzip, auch für Gott.

Wir können ihn als Person beobachten, als Feld, als Licht. Oder wir beobachten ihn nicht, und dann ist er, wie Einsteins Mond, auch nicht da.

Beobachten wir Max Planck – und die Quantentheorie erscheint. Beobachten wir die Gebrüder Grimm, und die Märchenwelt öffnet sich. Wir erschaffen, was die alten Mystiker wussten, die Welt aus dem Nichts. Jenem Nichts, das zugleich Alles ist.

Elb bezeichnet einen lichten, glänzenden Geist, der im Allgemeinen unsichtbar erscheint.

Wie das Photon.

Licht-Elben können ihre Gestalt verwandeln. Quanten auch. Wenn sie durch Licht an- oder abgeregt werden, wobei die Anregung dem Leben und die Abregung dem Sterben entspricht. Elben bewegen sich – wie die Neutrinos – ungehindert durch Luft, Wasser, Holz und Gestein. Wichteln sind winzig kleine Elben. Und auch Teilchen können sehr winzig sein. Feen können einfach verschwinden und anderswo wieder auftauchen. Quanten auch. Beide unterscheiden sich deutlich an Wuchs und Gestalt. Meerfrauen tragen ihre Brüste über der Schulter. Das tun Quanten nicht. Und Kobolde, sind sie Kobolde? Das wird Ihnen wohl jeder Teilchen erforschende Physiker bestätigen. Und Fairies? Zu verschiedenen Zeiten sind sie wunderschön oder verhutzelte, hässliche Zwerge. Wie die Teilchen.

Aber zaubern, wer kann besser zaubern? Physiker oder Elben? Ist Helmut Rauch vielleicht ein Elb?

Die wichtigste Eigenschaft des menschlichen Lebens ist die Beobachtung unserer Umgebung und unsere Reaktion auf dieselbe mit den Mitteln unserer Sinne, des Gehirns und der Organe. Was wir sehen, hören und fühlen ist akzeptiert als real, und das Gehirn konvertiert diese Information in Wissen und Bewusstsein. Unsere Sinne haben seit dem Altertum eine Erweiterung erfahren durch optische Linsen, Magnetometer und verschiedene technische Instrumente.

Wir können in dieser Hinsicht sehr lange zurückliegende und weit entfernte Ereignisse in der Kosmologie beobachten und den Mikrokosmos erforschen. Diese Beobachtungen geben uns ein besseres Verständnis des Ursprungs unseres Universums und wie wir uns entwickelt haben. Die enge Beziehung von Kosmologie und Hochenergiephysik zeigt, wie physikalische Gesetze die Natur in einem extrem großen und einem extrem kleinen Bereich beeinflussen. Unsere materielle Welt besteht aus Protonen, Neutronen und Elektronen, die Atome,

Moleküle und lebende Zellen bilden. Photonen sind die verbundenen masselosen Austauschpartikel, die im sichtbaren Bereich des menschlichen Auges leicht zu entdecken sind. Aus dem frühen Universum und allen nuklearen Reaktionen der Sterne sind ebenfalls viele (vielleicht masselose) Neutrinos um uns, die sehr viel schwieriger nachzuweisen sind. In diesem Fall haben wir nur sehr untaugliche Entdeckungsinstrumente. Es könnten sogar andere Teilchen immer noch unentdeckt existieren. Darauf bezieht sich die Erforschung der dunklen Masse und dunklen Energie im Universum, wofür wir keine geeignete Messinstrumente haben, ja nicht einmal wissen, wie solche zu bauen wären.

Alte Zaubersprüche, neue Formeln

»Eine Kuh, die saß
im Schwalbennest
mit sieben jungen Ziegen,
die feierten ihr Jubelfest
und fingen an, zu fliegen;
der Esel zog Pantoffeln an,
ist übers Haus geflogen,
und wenn es nicht die Wahrheit ist,
so ist es doch gelogen.« (Verfasser unbekannt)

»In verwandelter Gestalt
Üb' ich grimmige Gewalt!« (Faust II)

Auch ein Quant kann gleichzeitig an mehreren Orten sein und seine Gestalt wechseln. »Ich hoffe«, sagt der Nobelpreisträger (Physik) Richard Feynman, »Sie können die Natur so akzeptieren, wie sie ist, nämlich absurd.«

Was ist absurder, Schrödingers Wellengleichung oder das Hexenwesen der Feen?

Im Quantenuniversum ist alles möglich, vieles wahrscheinlich und nichts sicher. Wie im Märchen. Zwei Aspekte derselben Realität.

Verzauberung und Erlösung

Das sind die Hauptthemen der Märchen. Der dämonische Vater. Gott? Die große Mutter. Die Erde? Der Prinz, die Prinzessin. Der Zauberer. Die Zwillinge. Der ferne Geliebte im Blumentopf. Welkt die Blume, ist der Geliebte krank. Verliert sie ihre Blüten, stirbt er. Gibt es auch Quantenmärchen? Oder sind sie selbst eins?

»Jungfer grün und klein,
Hutzelbein,
Hutzelbeins Hündchen,
Hutzel hin und Hutzel her,
Laß geschwind sehen, wer draußen wär.«
(Gebrüder Grimm)

Vielleicht ein neues Teilchen?

Die Verwandlung der Elben durch die Aufklärung

»Das Programm der Aufklärung war«, wie der Soziologe Max Weber schreibt, »die Entzauberung der Welt.« Der Geist und die Geister entwichen.

Elben oder Quanten? Keins von beiden ist richtig, und keins von beiden ist falsch.

Wir schauen in den leeren Raum und sehen ... oder erschaffen, wie die Quantenphysik sagt. Ist alles relativ? Ja, alles. Gott auch?

Aber wäre eine absolute Wirklichkeit nicht eingefroren und unfähig, sich zu bewegen? Das Absolute scheint nicht die Seligkeit, sondern die Verdammnis zu sein. Dass wir das Absolute immer suchen und nie finden werden, ist unser Spiel auf der Welt. Ein aggressives Spiel, in dem wir anbeten und töten.

Wieder Max Weber, der Soziologe: Kriege kanalisieren die Aggression. Je länger kein Krieg in einem Land, umso höher ist die private Verbrechensrate.

Als Terror erleben wir sie jetzt. Denn Aggression ist die höchste Stufe unserer Energie.

ENERGIE

Energie ist alles. Verwandelt sich in alles. Und sogar wir können Energie verwandeln. Es ist wie Zauberei. Aber wie verwandeln wir Aggression, und in was?

In Arbeit? In Kunst? In Liebe?

Vermummte Aggressionen, in denen sich Ehrgeiz, Egoismus und Eifersucht verbergen.

Nein, es gibt nur eine einzige Lösung:

Zurück vor den Urknall!

Vor dem Urknall gab es kein Ich, kein Du, keine Aggression. Der Urknall ist die Erbsünde der Quantenreligion.

Wer verzeiht sie? Wie werden wir wieder zur unschuldigen Einheit? Dafür gibt es bereits alle möglichen Rezepte. Die meisten von ihnen stammen aus den Kochbüchern östlicher und westlicher Mystik.

Ich zitiere meinen Lieblingsmystiker Meister Eckhart, 1260–1327, der vom »Fünklein« spricht, der höchsten Vernunft in uns selbst, die Gott in einem weiselosen Vorgang gewahr wird. Wie Gott und Seele in ihrem innersten Sein unnennbar, ohne Namen sind, so ist auch ihre Begegnung ohne Namen. Nach Eckharts Erfahrung vollzieht sie sich in einem unzugänglichen Licht, das alle Sinne auslöscht.

Der gnadenlose Egoismus der Selbstverwirklichung ist vielleicht die schlimmste aller Aggressionen. »Suche dich selbst überall«, sagt hingegen Meister Eckhart, »und wenn du dich gefunden hast, lass von dir ab!«

Und der DIVAN, 17. Jahrhundert: »Du warst ich, und ich wusste es nicht.«

»Tat twam asi«, begrüßen die Inder einander. »Gott in mir grüßt Gott in dir.« Ob oder was Gott ist, wissen wir zwar noch immer nicht oder nicht mehr. Aber gerade die es zu wissen glauben, schlagen sich gegenseitig die Schädel ein. Wir anderen, die Zweifler, ahnen, dass ICH uns nicht mit der Welt verbindet, sondern von ihr trennt.

Sobald wir uns wieder als Teil des Ganzen erkennen, wird jeder Krieg lächerlich. Erst wenn wir Aggression in Humor verwandeln, sind wir erlöst.

Pythagoras

Paulus war der Pionier und Fälscher der christlichen Religion. Die Quantenreligion will keinen Apostel Paulus haben! Lieber bleibt sie geheim. Aber einen möchte sie schon: Pythagoras! Den Messias der Quantenreligion.

Es war Pythagoras, der die Hochzeit von Wissenschaft und Transzendenz vollzog. Vor zweieinhalbtausend Jahren geboren, wurde und blieb er einer der größten Mathematiker, Philosophen und mystischen Lehrer des Abendlands.

Schon sein Name weist darauf hin. Pythagoras bedeutet Wortführer des Pythischen, und Pythos war ein hellsichtiger Drache.

Er erkannte die Gleichheit der Geschlechter, Mathematik als kosmische, überirdische Sprache und die Natur der Seele als Musik. Er glaubte an die Wiedergeburt und erinnerte sich an eigene Biografien als Mensch und Tier.

Er lehrte die Zahlen als Schöpfungsprinzipien: »Der Himmel ist Harmonie und Zahl!« Gottfried von Einem hat sich konsequent der atonalen, disharmonischen Musik verweigert und, wie Pythagoras, immer wieder die Harmonie der Sphären gehört.

Wie Pythagoras Zahlen, erkannte er Noten als Wesen. Pythagoras schuf eine mathematische, Gottfried von Einem eine musikalische Theologie.

Pythagoras war wahrscheinlich Schamane, sagte Erdbeben voraus, vertrieb Seuchen, beruhigte Sturm- und Hagelschlag, beschwichtigte Fluss- und Meereswellen und heilte durch

Musik. Gott war für ihn ein unsichtbares, unvergängliches und nur dem Geist begreifliches Urwesen.

Er lehnte die Jagd ab, aß kein Fleisch und predigte Freundschaft aller mit allen.

»Geist«, erkannte er, »wird zu Materie, und Materie wird wieder zu Geist.«

Pythagoras ist der Verkünder der Quantenreligion!

Himmel und Hölle

Für den Wissenschaftler seine bestätigten oder widerlegten Theorien. Dazu möchte ich meinen lieben alten Freund Manfred Kremser (+) zitieren, Lehrstuhl Ethnologie: »Wissenschaft ist eine der vielen Arten von Wahrsagerei.« Gescheite Wissenschaftler haben es bestätigt, dumme ihn dafür mit Schmähungen übelster Art überhäuft. Sie tun es noch immer. Auch, weil er während seiner Feldforschungen in der Karibik Wesen und Wirklichkeit der Geister erfahren und darüber berichtet hat. Seine Schamanismus-Vorlesungen waren legendär. Er war ein Jünger der Quantenreligion.

Himmel und Hölle sind keine Orte, sondern Bewusstseinszustände. Aber der Glaube an die Hölle ist seit zweitausend Jahren als Todesangst in unseren Genen gespeichert. Und noch immer werden die Ärzte gezwungen, sinnlos gewordenes Leben sinnlos zu verlängern.

Seit einem halben Jahrhundert trete ich bei sämtlichen Ministern dagegen an. Alois Stöger und Andrea Kdolsky hätten geholfen. Aber Stöger wechselte das Ministerium, und Kdolsky verlor es überhaupt. Also wird weiter gelitten.

Die Seele

Die meisten Religionen halten sie für unsterblich. Wandert sie von Leib zu Leib, erschafft die Leiber vielleicht gar? Gibt es die Abenteuer der Wiedergeburt? Pythagoras war davon überzeugt. Auch Voltaire, Darwin, Plato, Vergil, der heilige Franz von Assisi, Origines, Giordano Bruno, Dante, Spinoza, Friedrich der Große, Lessing, Shakespeare, Schiller, Goethe, Nietzsche, Schopenhauer, Kant. Und Wilhelm Busch!

Fast alle großen Kulturen glaubten daran, und die kleineren auch. Sogar das frühe Christentum. Erst seit dem Konzil von Konstantinopel 553 hat die römische Kirche alle Anhänger dieser Lehre verflucht.

Aber wo sind meine vielen Leben geblieben? Kann die Seele Biografien verlieren wie Regenschirme und Hüte?

Der Mathematiker Edmund Hlawka: »Begriffe, die wir mit dem Namen Seele bezeichnen, werden nie der Mathematik und allgemein dem begrifflichen Denken zugänglich sein. Dem begrifflichen Denken ist nur ein Teil der uns umgebenden Welt zugänglich, der einfachste Teil. Die Formeln beschreiben nur eine Welt der Schatten ... Trotzdem, um an Pascal anzuschließen, ist die Seele hineingestellt in diese Welt der Schatten, wird von ihr beeinflusst, und sie beeinflusst auch diese Welt.« ... Aber: »Wo liegt die Grenze zwischen Innen- und Außenwelt? Dies ist wohl ein unlösbares Problem.«

Dazu Helmut Rauch auf meine Frage, was ihn als Physiker am meisten stört:

> »Dass es, was ich alle Tage berechne, in Wirklichkeit vielleicht gar nicht gibt.«

Geist und Materie

Gegensätze, die sich ineinander verwandeln. Das könnte sogar Sinn und Amt des Lebens sein. Materie wird Geist, Geist wird Materie.

In der Physik kann ein Teilchen verschwinden – und irgendwo anders taucht es als ein anderes auf. Verschwunden, ist es immateriell? Das ist eine Frage, keine Antwort. Die Quantenreligion ist eine Religion der Fragen.

Dass Materie verdichtete Energie ist, wissen wir schon. Aber Geist, was ist Geist? Da kommen wir schwer ohne Gott aus. Oder gibt es nur Energie, deren niedrigste Stufe Materie ist und deren höchste Stufe Geist? Persönlicher Geist?

Durch neuere Entwicklungen in Berkeley und Paris könnte doch jedes Elementarteilchen eine eigene Identität haben.

Danke, Helmut! Wenn jedes Elementarteilchen eine eigene Identität hat – hat es vielleicht auch eine Seele? Sterblich und unsterblich. Oder, im wissenschaftlichen Dialekt der Quantenphysik, sowohl als auch. Sowohl sterblich als auch unsterblich. Wenn Aristoteles unrecht und Einstein recht hat …

Aristoteles hat uns auf eine Ja-Nein-Logik reduziert. A ist A oder non A. Die Quantenphysik hat uns von Aristoteles befreit. A ist auch B!

In der Quantenreligion ist die Seele sterblich und unsterblich zugleich. Wie auch wir lebendig und tot sind, zwei einander überlagernde Zustände des Bewusstseins, die immer wieder ineinander übergehen.

Und die Wiedergeburt? Ein Teilchen verschwindet in einem anderen Teilchen und kommt als ein anderes wieder heraus. Wie viele Biografien hat ein Teilchen? Ein Quant?

Kurt Gödel, der große Logiker, hat sogar versucht, unsere immerwährende Wiederkehr mathematisch zu beweisen.

FREQUENZEN

Der Tote schwingt nicht mehr. Schwingt die Seele? Gelten auch für sie die Gesetze der Physik?

Der Tod trennt uns von der Materie. Verändert der Tod unsere Frequenz? Werden Tote unsichtbar, weil ihre Frequenz sich erhöht?

Ich erinnere mich an meinen Freund Hugo Damian Graf Schönborn, Vater des Kardinals Christoph Schönborn. Er rief mich eines Nachts in Rindlberg an und sagte: »Ich weiß jetzt, wie sich Steine bewegen!«

»Damian«, stöhnte ich. »Es ist halb drei in der Nacht.« – »Egal. Das ist wichtig genug. Langsam! Steine bewegen sich so langsam, dass wir sie nicht mehr wahrnehmen.«

Jetzt war ich putzmunter. »Du meinst, wenn sich etwas sehr langsam bewegt ...« – »Ja«, sagte er: »Oder sehr schnell. Wir nehmen nur Frequenzen von–bis wahr. Was darüber oder darunter ist, wird unsichtbar.«

Lebendige haben eine niedrige Frequenz und nehmen einander wahr. Sterbend, werden wir unsichtbar. Haben Tote eine höhere Frequenz, die sie unsichtbar für uns macht? Ist der Unterschied zwischen Lebenden und Toten ein Frequenz-Unterschied?

Manchmal geschieht es, dass unsere eigene Frequenz sich vorübergehend erhöht. Dann können wir Tote sehen. Mein Mann Gottfried von Einem sah Tote. Ich auch, aber viel seltener und nur für Momente.

Unser einstiger Landeshauptmann von Kärnten, Leopold Wagner, lag mit einem Bauchschuss sterbend im Spital.

»Auf einmal«, so erzählte er uns, »fiel es wie Nebel auf die Ärzte und Krankenschwestern. Sie verschwanden, und an ihrer Stelle waren lauter Tote um mich herum. Aber keine Verwandten, keine geliebten Toten, wie ich erwartet hätte. Lauter flüchtige Bekannte, von denen ich nur wusste, dass sie gestorben sind. Und noch einmal Nebel – statt der Toten waren wieder die Ärzte und Schwestern rund um mein Bett.«

Diese Gabe blieb ihm. Einmal, als er sämtliche Landeshauptleute nach Italien eingeladen hatte, tauchte mitten im Reisebus plötzlich seine tote Mutter in der Luft auf. Er hatte große Angst, alle könnten sie sehen, und er wäre blamiert. Stumm, aber flehentlich bat er sie, zu verschwinden.

Der Poldi Wagner war ein robuster Politiker, seine Geschichte zählt. Einmal – passt nicht hierher, gefällt mir aber so gut – kam ein Einbrecher ins Haus und raubte ihn aus. Schon wieder an der Tür, sah er ein großes Plakat im Vorzimmer hängen und erkannte sein Opfer. »Entschuldigen schon, Herr Landeshauptmann«, schrieb er auf einen Zettel und legte ihn auf den Tisch.

Wie viele Welten gibt es?

Unendlich viele, sagte Giordano Bruno und wurde dafür verbrannt. Inzwischen hat die Wissenschaft ihre Existenz bestätigt.

Welten können einander durchdringen, ohne dass wir es bemerken. Nur dass manchmal etwas verschwindet und manchmal etwas auftaucht, das vorher nicht da war.

Ich erinnere mich an einen Schauspieler des Wiener Volkstheaters, der an einem heißen Augusttag in seinem Zimmer zwei Schneebälle entdeckte. Meine Schuhe waren sechs Wochen lang in einer anderen Welt. Dann standen sie neuerlich vor meinem Bett. Gottfried von Einems Oper »Tulifant«, soeben beendet, verschwand vom ansonsten leeren Klavier. Wir hielten sie für verloren. Nach vielen Tagen lag sie eines Morgens wieder auf dem Klavierdeckel. Außer uns war niemand im Haus.

In Berlin traf ich Lianne von Bismarck, die erste Frau meines Mannes, mir nur von Fotografien vertraut. In einem Berliner Lokal am Mexikoplatz bat sie mich inständig an ihren Tisch. »Wir kennen uns gut«, sagte sie. »Mehr als gut. Ich weiß nur nicht, woher?« Sie beschrieb ihren letzten Abend mit Gottfried in Paris, von dem auch er mir erzählt hatte. Sie starb in der gleichen Nacht. »Gottfried von Einem?«, fragte ich leise. Sie schüttelte den Kopf, der Name war ihr fremd. Aber Gottfrieds Musikverleger Dr. Harald Kunz und seine Frau bezeugten: »Das war sie! Eindeutig. Genau so sah sie aus.« Aber als ich sie an den Tisch des Verlegers holte, löste sie sich in Luft auf. Buchstäblich.

Sie verschwand in ihrem Parallel-Universum. Eine andere Erklärung finde ich nicht. Es scheint uns doppelt zu geben. Vielleicht sogar mehrfach. Als dieselben und doch nicht dieselben. Erkennen sie sich? Bleiben sie einander fremd?

Das Jenseits

Könnte das Jenseits ein paralleles Universum sein? Die Toten wissen oft lang nicht, dass sie gestorben sind. Denn sie selbst und ihre Umgebung haben sich kaum verändert.

Vielleicht haben wir auch parallele Seelen? Eine diesseitige und eine jenseitige. Nur die diesseitige Seele wechselt den Leib. Wandert von Gestalt zu Gestalt, von Schicksal zu Schicksal, bis sie von der Zeit und allen Gefühlen erlöst wird. Die jenseitige Seele ist unsterblich und gehört einer anderen Welt an.

Die meisten alten Kulturen kannten zwei Körper, zwei Seelen. Die jahrtausendealten Pyramidentexte berichten von zwei Wesen, dem Ka und dem Ba, die den physischen Leib überleben. Das Ka ist von feinerem Stoff, während das Ba reiner Seelengeist ist.

Der Mensch stand – und steht immer noch – zwischen Sonnen- und Todeswelt, dem Totengott Osiris und dem Sonnengott Re. Re ist der Ba des Osiris, die Sonne ist die Seele der Nacht. Der Ba ist unsere Himmels-Seele. Durch sie wird der Totengott Osiris, wird jeder Tote zum Erwachenden.

Wohin geht die Sonne, wenn sie versinkt? Wohin gehen wir, wenn wir sterben?

Vom Standpunkt der Physik aus gibt es eine kontinuierliche Entwicklung vom Urknall vor ungefähr 13,7 Milliarden Jahren bis herauf in die Gegenwart mit einem Ausblick auf eine ungefähr so lange Periode in der Zukunft. Menschliches Leben tauchte vor 5-7 Millionen Jahren auf und wird, zumindest auf der Erde, mit dem nuklearen Burnout der Sonne in ungefähr 4,7 Milliarden Jahren enden. Menschliches Leben hängt ab vom Vorhandensein von gewissen Elementen, hauptsächlich Wasserstoff, Kohlenstoff, Sauerstoff und anderen Spurenelementen, die während der Entstehungsphase des Universums rund 1 Milliarde Jahre nach dem Urknall produziert wurden. Ein gewisser Bereich von Temperatur und Druck ist erforderlich, um stabile Moleküle, Biomoleküle, Zellen etc. zu bilden. Menschliches Leben ist also auf einen sehr engen Bereich in Raum und Zeit beschränkt. Viele andere Dinge um uns herum sind schwer zu beobachten und zu verstehen.

»Realität« ist also nicht nur, was wir mit unseren natürlichen Sinnen und mit ziemlich ausgefeilten Instrumenten beobachten, sondern wir müssen uns klar sein, dass die Realität viele Phänomene aufweist, für die wir bis jetzt noch keine angemessenen Antennen besitzen. Diesem Thema sind viele Bücher gewidmet, und es kann keine allgemeingültige Antwort gegeben werden.

Leben und Liebe

»Leben bedeutet«, sagt Michelangelo, »Nahrung in Scheiße zu verwandeln.« Ich widerspreche ihm nicht. Leben, das wir gewaltig überschätzen, hat eine niedrige Schwingung. Auf der Skala der Frequenzen hat sie keinen höheren Rang.

Und Liebe, ist Liebe ein Gefühl? Nein. Liebe ist kein Gefühl. Liebe ist ein Zustand. Der Zustand vollkommener Einheit mit allem, was ist. Die höchste aller Schwingungen. Vielleicht glauben wir deshalb, Gott wäre die Liebe.

Die Liebe. Das Licht. Die Unendlichkeit.

Drei Briefe

20. Februar 1979

Teuerste Macabrezza, sowie Tetrarchin der vier Schatten-reiche, Hüterin der Wege von Shamballah und der Pforte nach Agartha, auch Groß-Verweserin der Luftgeister, Fürst-liche Lenkerin des Besens etc.

Liebe Lotte, hab nach dieser förmlichen Einleitung vielen Dank für Deinen Brief: er ist von so liebevoller Kollegialität und von so kollegialem Einfühlungsvermögen, dass er mich glücklich gemacht hat. Es stimmt alles, was Du herausgele-sen hast (dass Du vermutlich der einzige Leser bleiben wirst, der begreift, dass ich da nicht einen nostalgischen Unterhal-tungsroman, sondern eine Mythologie geschrieben habe, kränkt mich nicht; einer genügt). Lediglich in einem Punkt dachte ich's mir anders: der Ich-Erzähler sollte eigentlich, in diesem Kontext und dem sonderbaren Olymp, den ich mir ausgedacht hatte, der Tod sein. Aber es macht mir nichts aus, wenn das nicht genügend deutlich wird – Symbole haben immer viele Bedeutungen, auch solche, die von Montag auf Dienstag wechseln. Sei bedankt; es gibt nicht viele Leute, die die Courage haben, sich hinzusetzen und einem anderen was Gutes anzuwünschen. Überhaupt unter Kollegen.

(Mauthes Buch, das ich als Mythologie Wiens erkannte, war »Die Vielgeliebte«, deren Geschichte der Tod und nicht, wie ich glaubte, die Erde selbst erzählt.)

Erhabene Tetrarchin, teuerste Macabrezza, Hüterin der Wege und Pforten etc., es verlangt mich sehr, Euch bald wieder zu sehen. Mögen die Gestirne dafür sorgen, dass es in diesem Frühling einen milden Abend und also die Gelegenheit gibt, vor der Mauer zu sitzen, dem Schreien der Käuze zu lauschen, den Mond zu betrachten und die dazu passenden Gespräche zu führen. Empfehlet mich dem Erlauchten Armenier. Er sah das letzte Mal wahrhaftig so aus, als gedächte er das Buch Mosis in ein Bläserquintett zu übersetzen.

- - -

Handkuß und Grüße, Euer Jörg

(Im Oktober 1985 teilte unser Hausarzt Prof. Felix Mlczoch uns mit, dass Jörg Mauthe krank ist und sterben wird. Das darf er aber nicht wissen. Mit ihm darüber zu sprechen, meinte Mlczoch, wäre ein glattes Verbrechen. Ich schrieb ihm trotzdem, er antwortete sofort, und ich ließ seinen wunderbaren Brief in meinem »Nächtebuch« drucken. Mlczoch kam an einer Buchhandlung vorbei, sah es in der Auslage und dachte: Jö, die Lotte hat schon wieder was geschrieben! Trat ein, ließ sich das Buch vorlegen, schlug es an irgendeiner Stelle auf und las …)

8. Okt. 85

Liebe Lotte!

Euer Arzt ist ein Trottel. Warum soll man mit mir nicht reden? Für mich stellt sich da kein Problem. Ich wusste, kaum sah ich die Gesichter meiner Ärzte, auf der Stelle Bescheid. Soll ich jetzt rumgehen und so tun, als wäre ich auf dem Weg der Genesung, was mir eh keiner glauben tät? Also red ich gleich, und wart gar nicht erst ab, dass es einer dem anderen hinter meinem Rücken erzählt.

Ob Du's glaubst oder nicht – aber ich denk', Du wirst es schon glauben – der Tod ist für mich überhaupt kein Problem. (Problematisch sind nur die anderen: die mich lieben, die von mir in dieser oder jener Weise ab- oder an mir hängen). Also bin ich auch nicht traurig.

Im Gegenteil: Ich hatte von dem Augenblick, in dem ich's wusste, an, ein ungemein euphorisches Gefühl, endlich in Sicherheit zu sein – was insofern etwas komisch ist, als ich an Verfolgungsangst oder dergleichen nie gelitten habe. Halt so in dem Sinn: mir kann nix mehr passieren, weil passieren tu ich jetzt selbst.

Und im Ernst halt ich's, anders als Du wohl, mit den gescheiten Alten. »Das Leben weiß nichts vom Tod, der Tod weiß nichts vom Leben. Müßig, davon zu reden.« Genau das ist es, was ich fühl.

Unterdessen sind drei Monate vergangen und dieses Gefühl ist geblieben. Und wenn's nicht kokett klänge, würde ich sagen, dass dies die längste Zeit meines Lebens war, in der ich mich glücklich fühlte. Ich nehm's wenigstens an, denn aufs Glücklichsein bin ich ja leider nicht konditioniert worden. Jedenfalls: keine Spur von Traurigkeit, keine von Angst. Und ich hoffe, das bleibt so in den nächsten drei Monaten, mit denen ich, sagen die Ärzte, ziemlich sicher rechnen kann. Genug, um noch ein Büchl fertigzubringen, Ordnung zu hinterlassen und sogar noch politisch das eine oder andere in Bewegung zu bringen (weißt Du, selbst meine dümmsten Gegner trauen sich nicht recht, mir zu widersprechen; ein Sterbender ist halt tabu – und ich nütze das schamlos aus).

Gläubig bin ich nicht. Aber auch nicht ungläubig, eben

weil's müßig ist, davon zu reden. Aber ich tät, natürlich, schon lachen, wenn's irgendwas danach gäbe. Man wird ja sehen. Oder auch nicht.

Zu meinem Glücklichsein (das nur gelegentlich von physischer Schwäche getrübt wird – dem Gift, das sie mir eintröpfeln, um das Vieh in mir zu dressieren) trägt natürlich unglaublich viel bei, dass mir ein Schwall von Liebe, Zuneigung, Sympathie entgegengebracht wird, wie ich es nie für möglich gehalten hätte – das ist ein Überfluss, ein Surplus des Lebens, ich steh da und glaube manchmal direkt zu träumen. Und Dein Brief ist auch so ein Juwel in meinem Schatz – ich küss Dich dafür.

No logisch: wenn Du in Wien bist, ruf sofort an. Es kann sein, dass Du mich gerade an einem Tiefpunkt erwischst, an dem ich froh bin, wenn ich mich rühren kann, aber am Tag darauf geht's gewöhnlich schon wieder.

Lass Dir's gut sein, liebe Fürstin der Zwischenreiche und der fünften Weltrichtung. Das Leben ist schön und das Sterben kann's offenbar auch sein.

Immer Euch, liebe Fürstin, auf herzliche Weise untertan.

Dein Jörg.

18.12.1985

Liebe, liebe Lotte,

herzlichen Dank für Deinen Brief. Ich gebe zu, dass der Schmerz etwas Niederträchtiges ist. Aber ich hab kein Bedürfnis, zu schreien. Ein bisserl fluchen, von mir aus, aber das kann man auch leise tun.

Lass mich bitte »stoisch« sein; es fällt mir nicht schwer,

und ich muss mich dazu nicht zwingen; ich fühle mich nicht in mir eingespannt, und wenn mir nicht von den ewigen Infusionen zeitweise übel und wenn ich nicht immer müder würde, hätte ich ein Gefühl des Schwebens, das sehr angenehm ist.

Ja, ich werd's probieren und mich bemerkbar machen, wenn's geht – vielleicht, dass ich Dich in die Nase zwicke dann oder sowas. Eine Hetz wär das schon, aber wenn's nicht sein sollte, ist nicht viel verloren.

Schwarz ist nicht die Farbe – oder Nichtfarbe – des Todes. Die ist Weiß. Und das ist, finde ich, schöner, weil sich mehr darauf projizieren lässt.

Alles Gute!

Dein Jörg

DIE ZWEITE ZEUGIN

Wir saßen zu dritt in der Küche – sie, Gottfried und ich – und plauderten über Belangloses. Plötzlich bat sie um Bleistift und Papier. Ich vermutete einen Termin, den sie nicht vergessen wollte.

Sie aber wurde totenblass und begann mit geschlossenen Augen zu schreiben, manchmal in Spiegelschrift, und die Wörter hatten verschiedene Größen und waren ungetrennt. Dazwischen mysteriöse Zeichen und Zeichnungen.

du kannst es doch

ist scheibar

noch

ich bin jung schwer zu behalten

wie wird

vorgestern da

Lotte soll wieder weggehen, soll das handschreiben zumindest zu
beginn wieder arbeit. Sie hat wieder gewusst ...
... wenn Lotte liest die
... wird über die Vorlage schreiben geschrieben, der
Kontakt hergestellt wird Lotte wird sollen und pflegediensleitung
liest zu jung

ich freue mich über unsere

Gedankensynchroni-

tät

ihr werdet erfolg haben

ich habe dir ja schon früher

gesagt dass ich euch was in

bewegung setzen werdet

machen wir weiter

ja wenn du mich nicht brauchst viel

mehr

allerdings sollte den

langen Versuch

ohne schreiben

Kontakt zu uns

zu suchen

die Zeit für diel,

... reif

Jörg
Scheub

»Lotte, ich bin Jörg. Ich bin Jörg Mauthe und will ein Buch mit Dir schreiben …«

Drei Monate lang bedrängte er mich durch die Fremde, die dabei meine Freundin wurde. Auch der Titel war von ihm: »Das Donnerstagebuch«. Ich verstand nichts. Ich glaubte, ich ginge an seiner statt in die Unterwelt, jeden Donnerstag. – Aber ein Buch mit dem Toten?

Die Frage über die Verschränkung von »Leben« und »Tod« kann mit Ja beantwortet werden, da es sich bei »Verschränkung« um eine Korrelation (Beziehung) handelt und das eine vom anderen abhängig ist. »Leben« und »Tod« sind zwei (Quanten-)Zustände, zwischen denen es Übergänge gibt, den einen bezeichnen wir als »Geburt«, den anderen als »Sterben«. Leben und Tod als Einheit zu sehen, erscheint sinnvoll, wie gesagt, ein angeregter und ein Grundzustand eines Systems.

Nach dreißig Jahren Weltkarriere in der EU kehrte Jörg Mauthes Botin zu mir zurück. Würde sie, die nun so Prominente, sich zu ihren damaligen Erfahrungen bekennen. Ja, sie tat es! Wir machten ein kleines Interview:

1) Ich bat dich, zu kommen, und du kamst. Wir saßen mit Gottfried in der Küche und plauderten über nichts. Plötzlich verlangtest du Bleistift und Papier. Warum?

A. S.: »Ich glaube, es war unser spannender Gesprächsgegenstand: das Nichts.«

2) Wusstest du, was du tatst, als du Mauthe geschrieben hast?

A. S.: »Nein. Ich war ja selbst überrascht über jede Zeile, die da auf dem Papier erschien.«

Warst du in deinem normalen Bewusstseinszustand?

A. S.: »Ganz sicher nicht; ich habe ja neugierig beobachtet, was da geschieht.«

4) Hast du Jörg Mauthe überhaupt gekannt?

A. S.: »Ich habe ihn als mutigen und klugen Politiker gekannt, ihn aber nie persönlich getroffen.«

Du hast – in Abständen – monatelang geschrieben. Wie fühltest du dich dabei?

A. S.: »Meist sehr frei und neugierig auf das, was da auf dem Papier erschien. Vieles habe ich gar nicht verstanden.«

Ein Plural von Biografien

Wir stammen von den Sternen ab. Unsere Ahnen sind Gaswolken. Wir selbst bestehen aus Quanten. Zugleich materiell und immateriell, schließen wir uns zu Organismen zusammen. Im Tod wechseln wir sie. Sterben ist die Technik, uns in andere zu verwandeln.

Gibt es Einstein zufolge keine Zeit, sind wir alle anderen auch. Jetzt! Ein endlicher oder unendlicher Plural von Biografien. Und Welten?

Die Toten, bestätigt Erwin Schrödinger, sind in einem parallelen Universum. Und der Zoologe Hans Driesch: »Das Jenseits ist die wahre Wirklichkeit des Diesseits.«

Nun, ich halte beide Wirklichkeiten für wahr. Zwei Seiten einer fallenden Münze. Die nach John Archibald Wheeler »wichtigste Lehre der Quantenmechanik ist, dass physikalische Phänomene durch die Frage, die wir nach ihnen stellen, definiert sind.« Fragen wir nach einem Teilchen, erkennen wir ein Teilchen. Fragen wir nach einer Welle, erkennen wir eine Welle.

»Wo«, fragt der Biologe und Genetiker Haldane, »liegt eigentlich die Grenze, an der die tote Materie aufhört und das organische Leben beginnt? Gibt es überhaupt noch einen Gegensatz zwischen dem Toten und Lebendigen?«

Dem gesamten Kosmos, so Pythagoras, liegen bestimmte Zahlenverhältnisse zugrunde. Die Quantenmechanik dehnt es auf die Elementarteilchen aus, die nicht stofflich sind, sondern Schwingungsmuster wie das Licht.

Ein Photon mit Lichtgeschwindigkeit ist gleichzeitig überall.

Ein Photon namens Gottfried von Einem (+) 1996: »Ich kann jetzt gleichzeitig überall sein. Ich kann mich teilen und bin in jedem meiner Teile ganz.«
Verwandelt der Tod uns in Licht?

GRÜSSE VOM URKNALL

Am Anfang dominierte im Universum die Strahlung. Dann erfolgte eine Kondensation von Energie in ein Quark-Gluon-Plasma, und die Quarks und Gluons kondensierten sodann zu Protonen und Neutronen, welche die Bausteine für die Bildung von Atomen und später für alle Arten von Molekülen darstellten. Teilchen und Anti-Teilchen bildeten sich in derselben Geschwindigkeit und verschwanden teilweise wieder in der Strahlung. Die Strahlung konnte sich nicht frei ausbreiten, solange das Universum sich in einem ionisierten Plasmazustand befand. Erst als es sich durch Ausdehnung abgekühlt hatte, konnte ein Teil der Strahlung entweichen (300.000 Jahre nach dem Urknall). Diese begreifen wir heute als kosmische Hintergrund-Strahlung. Die helle Hintergrundstrahlung erreicht uns aus allen Richtungen und hat ihren Ursprung in Ereignissen, die 13,7 Milliarden Jahre zurückliegen. Wenn Sie eine TV-Antenne besitzen und sie zwischen die Kanäle einstellen, dann stammt das entstehende Geräusch bis zu 80 % von dieser Hintergrundstrahlung, und Sie können sich vorstellen, sie erhalten Grüße aus dem frühen Universum.

Was ist information?

In traditionellen Jäger- und Sammler-Gesellschaften gab es keinen Unterschied zwischen Religion und sozial-kulturellem Leben, und die Teilnahme der Geister an gemeinschaftlichen Ritualen war selbstverständlich. Ab dem siebzehnten Jahrhundert wurde Gott von der Natur getrennt, die man als seelen- und bewusstloses, automatisches Geschehen betrachtete.

Erst durch die Überwindung der Irrtümer der Religion (»Opium des Volkes«) würden die Menschen frei für das Licht der Wissenschaft, glaubte man. Atheistische Theologie und materialistische Forschung verbündeten sich.

»Wirklichkeit und Information«, schreibt Anton Zeilinger, »sind dasselbe. Information ist der Urstoff des Universums.«

»Was ist«, hab ich den Kybernetiker und Informatiker Heinz Zemanek gefragt, »Information?« – »Wir wissen es nicht«, antwortete er. »Information ist weder Energie noch Materie. Wir wissen nur, sie ist übertragbar.«

Massen sind Energiewirbel. Hat Information Masse? Wirbelt Information oder ist sie statisch? Information kann man nicht löschen. Leben ist Information. Kann man Leben löschen?

Ein Toter geht zum Friseur

Helmut Zilk war der Bürgermeister von Wien. Wir trafen uns jeden Morgen beim Stehkaffee in der Aida. Bis er einmal sagte: »Lotte, ich muss mit dir reden. Allein.« Ich ahnte, worüber, denn es ging ihm schlecht. – »Gern, Helmut, jederzeit!« Zwei Tage später war er tot.

Sein Leibfriseur war Bramo am Graben, und dort ging er, wie alle Tage, hin. Die fesche Friseurin schrie weder, noch lief sie davon. Sondern: »Aber Herr Burgermaster, was woll'n S' denn da? Sie sind ja g'storben!« – »Ich weiß nicht, was ich jetzt machen soll. Hat mich ja keiner geholt.« – »Geduld! Sie müssen Geduld hab'n, Herr Burgermaster. Wird scho wer kommen!«

Wir brauchen Aufklärung, Aufklärung, Aufklärung! Damit Sie, liebe Leserinnen, liebe Leser, nicht auch zum Friseur gehen. Es müsste jenseitige Landkarten geben, eine himmlische Geografie. Die meisten Toten merken nicht, dass sie gestorben sind, und setzen ihr vergangenes Leben fort. Vor bald einem halben Jahrhundert hab ich einen »Reiseführer ins Jenseits« geschrieben, der noch immer gelesen wird. Und noch früher war ich beim Unterrichtsminister Herbert Moritz: »Sterben muss man schon in der Volksschule lernen wie das Einmaleins und ABC!« Der wunderbarste aller Unterrichtsminister zögerte keinen Augenblick. »Das machen wir!«

Ein paar Tage später erblindete seine Frau, und er legte, um ihr beizustehen, sein Amt zurück. Letzten Sommer rief ich ihn an: »Herr Minister, erinnern Sie sich?« Er erinnerte sich. »Wie geht es Ihnen?« – »Meine Frau ist vor achtzehn Jahren gestorben. Sie hatte einen Revolver. Leider hab ich ihn abgeliefert.« Da wusste ich, wie es ihm geht. »Ich bin einundneunzig«, sagte er. »Warum hilft mir denn keiner?«

Haben wir mehr als einen Körper?

Mindestens zwei! Ich weiß es, denn ich trieb mich oft genug im zweiten herum. Von Zeugen bestätigt, von der Wissenschaft beglaubigt. Wir können gleichzeitig an verschiedenen Stellen des Raums, der Zeit und in verschiedenen Zuständen erscheinen.

Nachzulesen auch im »Quantengott«, den ich ebenfalls gemeinsam mit Helmut Rauch geschrieben habe. Unter anderem schilderte ich ihm Gottfried von Einems und meine haarsträubenden Erfahrungen – und zum großen Teil konnte er sie quantenphysikalisch erklären. Lebende und Tote sind verschränkt, und es ist eine Frage der Antennen, was und wie viel wir wahrnehmen.

Professor Rauch zog sich durch seine Zusammenarbeit mit mir, der angeblich Verrückten, den Unmut vieler Kollegen zu. Als hätte Hans-Peter Dürr – Nachfolger Werner Heisenbergs am Max-Planck-Institut in München – nicht in seinem faszinierenden Buch »Physik und Transzendenz« die Nobelpreisträger des 20. Jahrhunderts zitiert, von Einstein bis Schrödinger, von Wolfgang Pauli, Werner Heisenberg bis David Bohm. Sie alle bekannten sich zu ihrer »Begegnung mit dem Wunderbaren – jenem transzendenten Bereich, der sich aller rationalen Fassbarkeit entzieht.«

Leider ist die Naturwissenschaft nach ihrer Blütezeit wieder verfallen, und primitivster Materialismus – obwohl es nach Schrödinger und Dürr gar keine Materie gibt! – beherrscht das Feld.

»Nur tote Fische«, sagt das Sprichwort, »schwimmen

mit dem Strom.« Ich bin kein toter Fisch und wurde dafür gründlich bestraft. Allmählich gewöhnte ich mich an tägliche Morddrohungen und Einladungen in die Psychiatrie. Das hat jetzt aufgehört. Unser Bewusstsein wandelt sich, Grenzen fallen.

Das ungehorsame Gehirn

Wir glauben, es ist zum Denken da. Irrtum! Das Gehirn ist ein Organ zum Ausfiltern von Wahrnehmungen. Als ich das zum ersten Mal aus einer BBC-Sendung erfuhr, war ich wie erlöst. Denn ich hatte schon an meinem Verstand zu zweifeln begonnen. Aber nein, mein Mann und ich waren völlig normal. Allerdings lebten wir fünfundzwanzig Jahre lang auf einer Störzone, wie man sie sonst nur im Himalaya findet. »Ist das Waldviertel«, fragte ich den Geologen Fritz Steininger, »das österreichische Tibet?« – »Das ist es«, bestätigte er.

Auf so gewaltigen Störzonen filtert das Immunsystem keine Viren und das Gehirn keine ungewöhnlichen Wahrnehmungen mehr aus. Es spukte, und ich selbst spukte auch.

Als heimliche Tibeterin verbinde ich die Quantenphysik mit der Anderswelt, die Elementarteilchen mit Feen und Max Planck mit den Gebrüdern Grimm.

»Träumen«, sagt Wolfgang Pauli, »ist der Hintergrund der Physik.«

Träumen Quanten?

Die Frage ist, ob Bewusstsein nicht nur im Makro-, sondern auch im Mikrokosmos existiert. »Wie oben, so unten.« Wenn Hermes Trismegistos recht hat, sind sich auch Quanten ihrer selbst bewusst.

Bewusstsein ist alles. Vielleicht nur Bewusstsein.

»Das All ist Geist. Das Universum ist geistig.« (Kybalion)

Nicht Leben und Tod sind die großen Gegensätze. Die wahren Gegensätze sind Materie und Geist.

Normalerweise betrachten wir das Licht so, als ob es sich mit Lichtgeschwindigkeit gegenüber uns bewegt, aber wir könnten entsprechend der Relativitätstheorie auch sagen, dass wir uns relativ zum Licht mit Lichtgeschwindigkeit bewegen, und dann funktioniert »gleichzeitig tot und lebendig« als ein verschränktes System.

Ein absolutes »Nichts« kann es aufgrund der Unschärferelation nicht geben, denn wenn etwas absolut bekannt ist, muss etwas anderes absolut unbekannt sein.

DIE WELT SCHWINGT

Lang vor Itzhak Bentov haben die ältesten griechischen Philosophen wie auch die Hermetik erkannt, dass alles schwingt und sich nur durch die Grade der Schwingung voneinander unterscheidet. Materie ist die niedrigste, Geist die höchste Schwingung.

Leben hat eine sehr niedrige Schwingung oder Frequenz. Dass wir es für kostbar halten und mit allen Mitteln darum kämpfen, liegt daran, dass die Masse nichts anderes kennt. Einzelne mit entsprechend höherer Schwingung sind von diesem Irrtum befreit. Als Beispiele aus dem 20. Jahrhundert nenne ich nur Albert Einstein, Erwin Schrödinger, Gottfried von Einem.

Vielleicht ist Sinn und Amt des Lebens, Materie in Geist zu verwandeln, den wir als Licht erfahren.

Alle Zeiten und Kulturen kennen einen zweiten Körper, der unser eigentliches Wesen ist. Lichtleib, nannten sie ihn. Ätherischer Leib. Für die Hermetiker ist er Materie in einem höheren Schwingungsgrad. Ein Zustand, in den man durch den Tod gerät. Nicht nur durch den Tod.

Seit jeher galt der Äther als Element des Geistes und der Geister. Dann schaffte Einstein ihn ab, und Stephen Hawking setzte das Vakuum an seine Stelle. Es war Walter Thirring, Begründer der mathematischen Quantenphysik, der den Äther rehabilitierte. Als grenzenloses Feld, aus dem alles auftaucht und in dem alles verschwindet. Ist der Äther vielleicht Gott?

Meine Leidenschaft galt der Erkenntnis. Ich sehnte mich

nach einem Neuen Testament, einem achten Schöpfungstag, einem fünften Evangelium.

Nach der Allgemeinen Relativitätstheorie besteht Licht aus Photonen, die sich mit Lichtgeschwindigkeit (ca. 300.000 km/s) bewegen. Bewegt sich etwas mit Lichtgeschwindigkeit, so steht die Zeit still. Ein Materieteilchen kann sich nur annähernd mit Lichtgeschwindigkeit bewegen, für dieses vergeht dann die Zeit entsprechend langsamer als bei uns auf der Erde. – Die Zeit vergeht langsamer, wenn man sich in einem starken Gravitationsfeld befindet, d.h. in der Nähe zur Sonne oder, noch stärker, in der Nähe eines Schwarzen Lochs.

WER WERDE ICH IN WENIGEN MINUTEN SEIN?

Das fragte Jörg Mauthe, 62, seinen am Sterbebett stehenden Freund, Vizekanzler Dr. Erhard Busek.

Als ich im letzten Sommer in den Hofburg-Lift stieg, stand schon ein etwa Mittdreißiger drin. Mir gab es einen Stich ins Herz. Ich wusste, wir sind einander vertraut, stehen uns unendlich nahe ... Aber ich fand keinen Namen. Da beugte er sich tief über mich, schaute mich lächelnd an: »Lotte, erkennst mich nicht? Ich bin der Wolf!« Und schon führte der Lift ihn aufwärts.

Wolf und Eule

So haben wir einander genannt. Als er noch lebte. Auch nach seinem Tod, als er mir »Das Donnerstagebuch« diktierte, und »Herr Jacopo reitet«.

Ich habe aus beiden Büchern ein einziges gemacht und will es veröffentlichen. Denn nur darum stand er, glaube ich, im Lift. Damit ich die Botschaft, die er mir anvertraute, weitertrage.

»Der Tod, Lotte, ist ein Prozess der Entgrenzung. Da also die Person des Jörg Mauthe nur durch ihre Grenzen erkannt und definiert werden kann, bin ich diese Person nicht mehr. Andererseits bin ich sie noch immer, da jede einzelne Phase des Prozesses, den wir Welt nennen, unvergänglich ist.«

Die »Nichtlokalität« (Verschränkung, Entanglement) hat auch ein Pendant in der Zeit und wird dort »Kontextualität« genannt (quantum contextuality), d. h. das Ergebnis einer Messung am System A hat Einfluss auf das Ergebnis einer späteren Messung an einem anderen System B. (Zu dieser Thematik haben wir selbst Messungen gemacht.) Du magst das so interpretieren: Ein Erlebnis einer Person A kann einen Einfluss auf ein Erlebnis einer anderen Person B haben, die beliebig weit weg ist oder beliebig in der Vergangenheit oder Zukunft lebt.

MEIN FÜNFTES EVANGELIUM

Das Ende des mechanistischen Zeitalters hat begonnen.

Die Welt ist keine Maschine, sondern Geist.

Gott ist keine Person, sondern schöpferische Energie.

Alles und Nichts sind zwei Seiten einer Münze.

Es gibt eine Evolution des Lebens und eine Evolution des Todes.

Das Leben ist nicht heilig, seine Schwingung ist niedrig, es gibt höhere Arten der Existenz.

Der Tod ist kein Ende, sondern, wie das Leben, ein Prozess der Wandlung.

Da Zeit Illusion ist, sind wir gleichzeitig lebendig und tot. Zwei Zustände des Bewusstseins, die immer wieder ineinander übergehen.

Der Tod verwandelt Materie in Licht, das Leben Licht in Materie.

Alles ist im Besitz der totalen Information. Sie ist aber blockiert. Je nach Art der Blockaden entstehen die verschiedenen Arten, Rassen und Individuen.

Wir sind eine Weltfamilie. Pflanzen und Tiere sind unsere Geschwister.

Wir sind Teilchen von etwas Größerem, das wir nicht kennen. Noch nicht?

SOS an die Wissenschaft

Erschreckend viele Menschen halten ihren Mangel an Bildung und Fantasie für Intelligenz. So kam es, dass ich vierzig Jahre lang für verrückt gehalten, die ersten zwanzig sogar mit Mord, Gefängnis und Psychiatrie bedroht wurde. Ich trug es mit Humor, der nicht immer ganz echt war. Wenn man über mich lachte, lachte ich mit.

Jetzt aber möchte ich meinen Leserinnen und Lesern den Weg aus der Enge eines starrsinnigen Bewusstseins in die offene Weite einer Wirklichkeit weisen, deren Grenzen immer mehr verschwinden. Also schrieb ich in meinem Buch »Die doppelte Lotte« ein SOS an die Wissenschaft:

Gestatten, ich bin ein Riesenteilchen,

das gleichzeitig an zwei Orten sein kann. Das heißt, ich bilokalisiere mich seit Jahrzehnten, ohne es allerdings selbst zu bemerken. Eine Verwechslung ist auszuschließen, denn zu den Personen, die mich im zweiten Zustand wahrnahmen, gehörten u. a. mein eigener Vater, Liebhaber, Ehemann, zahlreiche Freunde an verschiedenen Orten. Noch zahlreichere Fremde, die mich nur aus den Medien kennen und bei denen ich plötzlich im Wohnzimmer oder sonst wo stehe. Auch gerate ich, dies aber nur selten, in Welten, die einige Physiker als parallel vermuten.

Ich kenne einen Großteil der Literatur, verfüge außer eigenen auch über mir privat zugängliche seriöse Fremderfahrungen und bin brennend an der wissenschaftlichen Aufklärung dieser Phänomene interessiert. Darf ich Ihnen zwei Fragen stellen?

Halten Sie es für möglich, dass wir

(a) in verschiedenen Zuständen (Doppelgänger),

(b) auf verschiedenen Ebenen (Paralleluniversen)

existieren könnten?

Meine Bitte an Sie: Würden Sie die beiden Fragen mit JA oder NEIN beantworten? Und dies vielleicht noch mit einem oder auch mehreren Sätzen begründen?

Ihre Meinung ist mir wichtig. In unserer chaotischen, weil sich gerade neu orientierenden Zeit brauchen wir Leuchttürme! Sie könnten, glaube ich, einer sein. Sollten Sie Kollegen haben, die auch leuchten, geben Sie ihnen bitte diesen Brief. Alle Türme sind mit großer Freude willkommen!

Mit Ja antworteten:

- Prof. DDr. h.c. mult. Peter Gruber, TU, Institut für diskrete Mathematik und Geometrie, wirkl. M. der Österreichischen Akademie der Wissenschaften
- Dr. Klaus Volkamer, Physikalischer Chemiker, 40 angewandte Patente
- o. Univ.-Prof. DDDr. Wolfgang Mastnak, Musikpädagogik, München und Shanghai
- o. Univ-Prof. em. DDr. Hc Fritz Steininger, Geologe und Paläontologe, wirkl. M. der Österreichischen Akademie der Wissenschaften
- Univ.-Prof. Dr. Manfred Kremser, Ethnologe der Universität Wien, Institut für Kultur- und Sozialanthropologie
- Prof. em. Dr. rer. nat. Ernst Senkowski, Fachhochschule Rheinland-Pfalz, Fachbereich Elektronik
- o. Univ-Prof. em. Dr. Franz Moser, Chemie und Institut für Grundlagen der Verfahrenstechnik an der TU Graz
- o. Univ.-Prof. DDDr. h.c. multi Wolfgang Rindler, Ehrenmitglied der Österreichischen Akademie der Wissenschaften, Relativist und Kosmologe, Cambridge und Dallas

(Letzterer zeichnete im Brief sogar den Vorgang für mich auf, zu sehen und lesen in meinem Buch »Die doppelte Lotte.«)

- o. Univ.-Prof. em. Dr. Helmut Rauch, Experimentelle Kernphysik an der TU Wien, Atominstitut der Österreichischen Universitäten, M. Ac. Europaea, Halle, wirkl. Mitglied der Österreichischen Akademie der Wissenschaften

(Diesen Brief schreibe ich für Sie ab:)

Sehr geehrte Frau Ingrisch,
danke für Ihr Schreiben vom 10. April 2011 und Ihr Interesse an scheinbar rational unerklärbaren Phänomenen. Dazu einige Bemerkungen:
(a) Bilokalisation ist gemäß der Quantenphysik durchaus möglich. Wir sprechen von sogenannten Schrödinger-Katzenzuständen, wo ein Objekt in zwei Zuständen (lebend oder tot) gleichzeitig sein kann. Das Gleiche gilt auch, dass ein (unteilbares) Objekt gleichzeitig an mehreren Orten sein kann. Wir haben derartige Experimente mit Neutronen durchgeführt und voll bestätigt gefunden. Neutronen sind an sich unteilbare Elementarteilchen, können aber in einem Interferometer über zwei weit voneinander getrennte Wege gehen.
(b) Die Quantenphysik beschreibt Objekte und physikalische Situationen mit Hilfe der Wellenfunktion (psi), und diese setzt sich aus sogenannten ebenen Wellen zusammen, deren Reichweite unendlich ist. Durch Interferenz (Verstärkung und Auslöschung) zahlreicher ebener Wellen wird das Objekt und die physikalische Situation auf einen engen Raum begrenzt. Die einzelnen ebenen Wellen existieren jedoch weiterhin und können weitreichende Einflüsse erzeugen, die auch messbar sein können, wenn man genügend Antennen dafür hat.
Ihre beiden Fragen sind daher mit JA zu beantworten.

Eine Antwort mit Folgen

Das war der Beginn einer wunderbaren Freundschaft. Zuerst schrieben wir einander viele, viele Mails, aus denen ich in diesem Buch zitiert habe. Dann tranken wir Physik mit Wodka im Bräunerhof.

Dass wir Helmut Rauch in der Erde begruben, bedeutet nicht, dass er verschwunden ist. Hat er doch immer gesagt:

Die Substanz bleibt. Die Form verändert sich.

Ich bin schon sehr neugierig auf Helmuts nächste Form. Seine Frau Annemarie war so lieb und hat mir die Schriften aus seiner Schreibtischlade gebracht, darunter diese Seite, die Sie noch nicht kennen:

Auch beim Tod eines Menschen bleibt die Substanz vollständig erhalten, allerdings in verschiedener Form. Wenn wir hier von der Substanz reden, reden wir nicht nur von der materiellen Substanz, sondern wir müssen auch alle Gedanken und Gefühle des Verstorbenen berücksichtigen, die irgendwo in Büchern, in den Köpfen anderer oder in den Weiten des Universums gespeichert sind.
Es bleibt somit auch beim Tod die gesamte Substanz erhalten, erscheint allerdings in anderen Formen, für die wir häufig keine oder nur zu unempfindliche Antennen haben.

Liebe Leserinnen und Leser!
Ich wiederhole mich? Verzeihen Sie! Könnten Sie meinen

Text lesen wie von ähnlichen Motiven durchzogene Musik! Und hören Sie nun das schönste Motiv zum Abschied von Helmut Rauch. Es stammt aus dem Buch »Physik und Transzendenz« von Hans-Peter Dürr, in dem mein Lieblingsphysiker nur sieben Zeilen rot unterstrichen hat. Sein Lebensbekenntnis, sein Testament:

»Es gilt, die Welt als ein universelles Fließen von Ereignissen und Prozessen anzusehen. (...) In diesem Fließen sind Geist und Materie keine voneinander getrennten Substanzen, sondern vielmehr verschiedene Aspekte einer einzigen und bruchlosen Bewegung. Auf diese Weise können wir alle Erscheinungsformen des Daseins als nicht voneinander getrennt ansehen.

(Wir alle, die Helmut bewundert und geliebt haben – sein Tod hat uns nicht von ihm getrennt!)

Wie schaut ein Quant aus?

Kein Stein fiel mir vom Herzen, im Gegenteil. Ein Stein fiel mir ins Herz. Wie soll ich unseren Text vollenden? Ich weiß nicht einmal, wie ein Quant ausschaut!

Meine zwei Physikerfreunde, Helmut Rauch und Walter Thirring – verwandelt! Wen soll ich fragen? In meiner Verzweiflung rief ich Herbert Pietschmann an. Er ist zwar auch verwandelt, aber nicht tot. »Das Ende des naturwissenschaftlichen Zeitalters«, seine Absage an den Positivismus, war eine Sensation. Begeistert lief ich in seine sämtlichen Vorträge.

»Herr Professor, wie schaut ein Quant aus?« – Pietschmann: »Da kann ich nur Wolfgang Pauli zitieren, den einmal wer gefragt hat, wie ein Elektron ausschaut? ›Gar nicht‹, hat er gesagt.«

Der doppelte Pietschmann

Ich weiß nicht, ob die Geschichte quantenphysikalisch erklärbar ist. Lustig ist sie auf jeden Fall. Vor Jahren wurde ich gebeten, in Salzburg die Festrede für Viktor Frankl und seine grundgescheite Logotherapie zu halten. Was ich nicht wusste: Pietschmann war der andere Festredner.

Ich kam zuerst dran, alles ging gut. Dann kam Pietschmann – und hielt genau dieselbe Rede. Das Publikum kugelte sich vor Lachen. Ich auch. Pietschmann kugelte sich nicht.

Was war da passiert? Helmut Rauch: »Ein Erlebnis einer Person A kann Einfluss auf ein Erlebnis einer anderen Person B haben, die beliebig weit weg ist.« Fließt im Extremfall die Rede A in die Rede B ein?

Und sind wir immer wir selbst? (Allerdings ist es keine Schande, vorübergehend Herbert Pietschmann zu sein. Im Gegenteil!)

Erklärt das ein unerklärliches Phänomen?

Seit Beginn menschlicher Geschichtsschreibung gibt es Berichte über Menschen, die unter besonderen Umständen mit Wesen einer höherdimensionalen Wirklichkeit in Kontakt getreten sind und deren Botschaften übermittelt haben. Dieses Phänomen wurde verschieden benannt. »Offenbarung«, »Kommunikation mit Geistern«, »Mediumismus«, »Channeling«.

Die Idee des Channeling – mir erst durch Mauthes »Donnerstagebuch« vertraut – stützt sich auf die Annahme, dass in nichtphysischen Dimensionen Intelligenzen existieren, die imstande sind, mit uns in Verbindung zu treten. Dementsprechend machen die Geister verstorbener Menschen zu allen Zeiten die weitaus größte Gruppe von gechannelten Quellen aus.

Die zentrale Aussage des vorliegenden gechannelten Materials lautet, dass der menschliche Geist eine sich langsam entwickelnde, den Tod überlebende, zahllose Existenzen durchlaufende Wesenheit ist, die sich in der physischen Welt mitteilen kann.

Die prähistorischen Kulturen sowie die des alten Ägypten, China, Japan, Indien und Griechenland kennen das Phänomen, dass Tote durch Lebende sprechen oder schreiben. Ich selbst erinnere mich an eine Schwiegertochter des Malers Max Weiler, die behauptete, ihre Großmutter schreibe durch sie. »Woher«, fragte ich alte Zweiflerin, »wissen Sie, dass es

Ihre Großmutter ist und nicht Sie selbst?« – Die junge Frau lachte: »Sie schreibt Kurrent!« Das allerdings halte ich für einen Beweis.

Der Begriff der Muse (oder Musen) steht in sehr enger Beziehung zu den Botschaften Toter. Der bedeutende Philologe Wendelin Schmidt-Dengler (+) hat Untersuchungen dazu angestellt, und ich empfehle die Lektüre seines faszinierenden Buches »Genius«, 1978 bei Beck in München erschienen. Mir hat er es damals geschenkt, denn wir trafen einander täglich, und ich vertraute ihm meine sonderbaren Erfahrungen an. Er hat nie an ihnen gezweifelt.

Nach der griechischen Mythologie waren die Musen Göttinnen, die den Menschen zu kreativem Schaffen inspirierten. Die klassische Auffassung war, dass der Dichter sein Lied von der Muse erhielt, oder dass sie sogar selbst durch seinen Mund sang.

Überall auf den britischen Inseln waren die keltischen Barden seit uralten Zeiten für ihre medialen Fähigkeiten berühmt. Die Assyrer und Babylonier fragten die Geister von Verstorbenen um Rat. In Persien stellte der Prophet Zarathustra das Awesta zusammen, eine umfangreiche Sammlung von Hymnen und verschiedenartigen, anscheinend gechannelten Belehrungen und Geboten, die sich teils auf die Welt des Geistes und teils auf die irdische Existenz beziehen. Das Werk wurde zur Grundlage einer heute noch lebendigen Religion.

Die islamische Überlieferung begann, als der Prophet Mohammed reichhaltiges visionäres Material von Allah empfing. Nach Mohammeds von ihm selbst geschilderten Erfahrungen entspricht er durchaus unserer Vorstellung von einem Medium.

Die Juden schrieben den Geistern der Verstorbenen mehr Bewusstsein und größeres Wissen zu als den noch Eingekörperten. Die nichtphysische Welt galt den Juden als ausgesprochen übernatürlich und als Wohnort einer Vielzahl unterschiedlichster Geister. So bedeutet das in der Bibel im Sinne von »Gott« verwendete Wort Elohim ursprünglich alle möglichen Mächte, Geistwesen, Gottheiten, Geister Verstorbener und engelähnliche Wesenheiten.

Das mosaische Gesetz, das den Bund mit Jahwe besiegelte, wurde vom Propheten Moses verkündet, der als ein Medium Jahwes betrachtet werden kann. Es ist ein typisches Merkmal jener Epoche, dass sie keineswegs die Existenz anderer Geistwesen leugnete, sie begnügte sich damit, die Verehrung jedes anderen Geistes oder Gottes außer dem Einen zu verbieten.

Mit seinen Stimmen und Visionen, brennenden Büschen und Gesetzestafeln könnte Moses als das erste Medium gelten, das ein Prophet Jahwes wurde. Ihm folgten Samuel, David, Salomo, Elias, Elisa, Jesaja, Jeremia, Hesekiel, Johannes der Täufer etc.

Alles, was nicht das Wort des einen Gottes war, wurde unter diesem neuen System verdächtig. Auf der einen Seite gab es zahlreiche Individuen, die imstande waren zu channeln; auf der anderen die wenigen Auserwählten, die für sich in Anspruch nahmen, als Einzige das Wort des Herrn zu verkünden. Diese nicht autorisierten Medien, die andere Geister channelten, galten als Hexen und Zauberer.

Als Geisterverehrung und Totenkulte allmählich von der monotheistischen Jahwe-Religion verdrängt wurden, begann man, alle gechannelten Quellen in zwei Gruppen einzuteilen. Sie galten fortan entweder als Manifestationen des Herrn und der Seinen oder aber des Satans und der Seinen.

Zu allen Zeiten haben die meisten großen Religionen versucht, das Channeln der »einzigen Wahrheit« zu ihrem Monopol zu erklären. Parallel dazu hat es immer einen noch grundsätzlicheren Zwist darum gegeben, wer zu entscheiden habe, wie das Phänomen überhaupt zu beurteilen sei: der Geistliche, der es als das Wort Gottes betrachtet, oder der Wissenschaftler, der es als Halluzination oder unbewusste Wunscherfüllung ansieht. Die Propheten und später die Heiligen aller religiösen Überlieferungen der Welt könnten Medien von außerordentlicher spiritueller Bedeutung gewesen sein.

Ob Jesus mehr als ein Medium war, ist Glaubenssache. War er wirklich Gott selbst in Menschengestalt, waren Quelle und Medium in ihm eins?

Die Offenbarung des Johannes stellt den ergiebigsten biblischen Fall von Channeling dar; der Evangelist scheint hier Jesus sowie eine Vielzahl verschiedener anderer Wesenheiten gechannelt zu haben. Im Neuen Testament, bei Petrus und Paulus, ist die nichtphysische Sphäre zum »Himmel« geworden, uneingekörperte Wesen werden zu »Engeln«, und nahezu jedes gechannelte Geistwesen ist nunmehr »der Heilige Geist«.

Schließlich legte Paulus im ersten Korintherbrief die von der organisierten christlichen Kirche anerkannte Beziehung des Individuums zum Geist – oder allgemein zur nichtphysischen Sphäre – ein für allemal fest: »Uns aber hat es Gott geoffenbart durch seinen Geist ... Wir aber haben nicht empfangen den Geist der Welt, sondern den Geist aus Gott ... Von den geistlichen Gaben aber will ich Euch, liebe Brüder, nicht verhalten … Es sind mancherlei Gaben, aber es ist Ein Geist … Und es sind mancherlei Kräfte, aber es ist Ein Gott, der da wirket Alles in Allen. In einem jeglichen erzeigen sich die Gaben des Geistes zum gemeinen Nutzen … Darum, liebe Brüder, befleißigt Euch des Weissagens, und wehret nicht mit Zungen zu reden.«

Im Mittelalter wurden zahllose Fälle von spontanem Channeling in der Form von Heimsuchung und Besessenheit berichtet. Hellseherisches und prophetisches Material hat sich inzwischen zum Teil bewahrheitet. (Äbtissin Odilia, Hildegard von Bingen, Jeanne d'Arc, Mutter Shipton, Nostradamus.)

Die heilige Theresa von Avila und der heilige Johannes vom Kreuz channelten innerhalb der von der Kirche vertretenen Doktrin. Cagliostro und Cazotte gaben ausführlich und klar gechannelte Informationen über die Französische Revolution. Der Gelehrte Emanuel Swedenborg war ein Gigant der Channeling-Literatur.

Während der spiritualistischen Ära hieß, was wir heute Channeling nennen, Mediumismus. Andrew Jackson Davis, der erste Prophet des Spiritualismus: »Eine Wahrheit wird sich über kurz erweisen, dass Geister Umgang pflegen miteinander, während der eine im Leib ist, der andere aber in den höheren Sphären.«

F. W. H. Myers, einer der hervorragendsten Erforscher und Chronisten des Channeling, bezeugte dessen Wirklichkeit posthum durch die berühmt gewordene Kreuz-Korrespondenz, durch welche in einem Zeitraum von über dreißig Jahren mehr als dreitausend Botschaften auf die unterschiedlichsten Medien verteilt wurden, die erst, wenn man sie zusammensetzte, ein klares Bild ergaben. (Myers war Gründungsmitglied der Society for Psychical Research, die sich der Erforschung parapsychologischer Phänomene widmete und noch heute besteht. Unter ihren Präsidenten findet man drei Nobelpreisträger, elf Angehörige der Royal Society, einen Premierminister von Großbritannien und achtzehn Professoren, darunter fünf Physiker.)

Die Quantenreligion

Wir müssen uns daran gewöhnen – wie östliche Weisheit es längst tut –, den Begriff ICH anders zu definieren.

Tat Jesus das vielleicht schon in seiner Bergpredigt? Eine Religion aus Bergpredigt und Quantenphysik! Ich träume noch immer davon.

Jesus: »Liebt Eure Feinde! Tut Gutes denen, die Euch hassen! Segnet, die Euch verfluchen!«

> Verschränktheit ist nicht nur auf die materielle Welt bezogen, sondern auch auf die Gedankenwelt, wo jeder Gedanke mit anderen Gedanken verschränkt ist, jedes Gefühl mit anderen Gefühlen in der Vergangenheit wie der Zukunft.

Sollte die Bergpredigt quantenphysikalisch sein? Vergessen wir ihre Gesetze, ihre Moral. Erinnern wir uns daran, dass Gegensätze einander bedingen. Auch Liebe und Hass.

Etwas absolut Bekanntes kann es nur geben, wenn es etwas absolut Unbekanntes gibt. Jahwe und der unbekannte Gott der Gnosis? Bedingen auch sie einander wie Liebe und Hass? Das Gute, das Böse. Himmel und Hölle. Kein aristotelisches Entweder–Oder. Sondern das quantenphysikalische Sowohl–Als auch.

Wenn nach Einstein die Trennung in Zukunft und Vergangenheit Illusion ist, hält Jesus die Bergpredigt JETZT, zugleich mit den Erkenntnissen der Quantenphysik. Sein Lieblingsjünger Johannes – könnte es in der Zeit, die es nicht gibt, Erwin Schrödinger sein? Er war der leidenschaftlichste Atheist. Und der leidenschaftlichste Gottsucher.

Ein poetischer Physiker, ein physikalischer Poet. Jesus würde die beiden letzten Zeilen seines Gedichtes »Schwäne am Zürcher See« lieben. Es wird dunkel. Sie verschwinden in der Nacht.

>>Sie kehren nie zurück.
Nichts ist vorbei.<<